印刷設計色彩管理

印刷設計色彩管理

徹底解決印刷流程中
所有的色彩困擾與問題

Rick Sutherland

Barb Karg 原著

陳寬祐 中譯

First published in the United States of America by
Rockport Publishers, Inc.
33 Commercial Street
Gloucester, Massachusetts 01930-5089
Telephone: (978) 282-9590
Fax: (978) 283-2742
www.rockpub.com

Library of Congress Cataloging-in-Publication Data
Karg, Barbara.
Graphic designer's color handbook : choosing and using color from concept to final output / Barb Karg and Rick Sutherland.
p. cm.
ISBN 1-56496-935-5
1. Color in design—Handbooks, manuals, etc.
2. Color printing—Handbooks, manuals, etc.
I. Sutherland, Rick. II. Title.
NK1548 .K375 2003
701'.85—dc21 2002011283

Some images © 2000—www.arttoday.com

Design: Peter King & Company
Cover: Blackcoffee Design Inc.

Printed in China

印刷設計色彩管理 / Rick Sutherland, Bara Karg
原著：陳寬祐 中譯．-- 初版．--〔臺北縣〕
永和市：視傳文化，2004〔民93〕
面： 公分
含索引
譯自：Graphic designer's color handbook:choosing and using color from concept to final output
ISBN 986-7652-14-2（平裝）

1. 印刷設計 2. 色彩（藝術）

477.65 93000360

印刷設計色彩管理

Graphic Designer's color Handbook

著 作 人：Rick Sutherland、Barb Karg
翻 譯：陳寬祐
發 行 人：顏義勇
編 輯 人：曾大福
中文編輯：林雅倫
版面構成：陳聆智
封面構成：鄭貴恆
出版者：視傳文化事業有限公司
永和市永平路12巷3號1樓
電話：(02)29246861(代表號)
傳真：(02)29219671
郵政劃撥：17919163視傳文化事業有限公司
經銷商：北星圖書事業股份有限公司
永和市中正路458號B1
電話：(02)29229000(代表號)
傳真：(02)29229041
印刷：SNP Leefung Printers Ltd.
郵政劃撥：17919163視傳文化事業有限公司

每冊新台幣：680元

ISBN 986-7652-14-2
2004年3月1日 初版一刷

謹以此書獻給那些為我們的世界增添色彩的家人與朋友們，也感謝所有為我們的平淡生活帶來繽紛顏色的設計者與印刷從業人員。

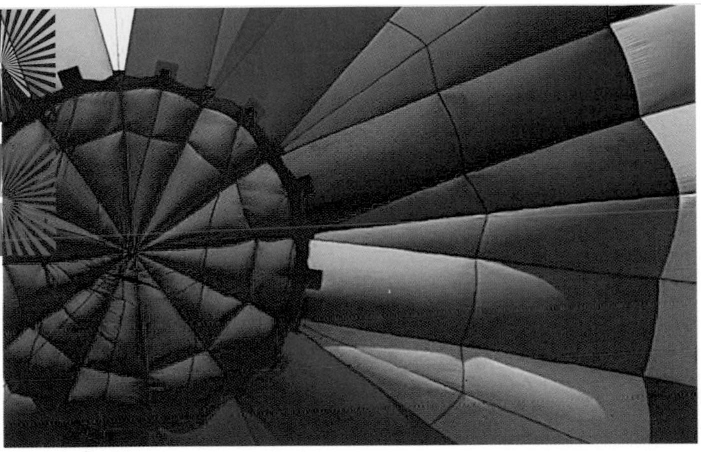

目 錄

第一章

應用色彩的準則

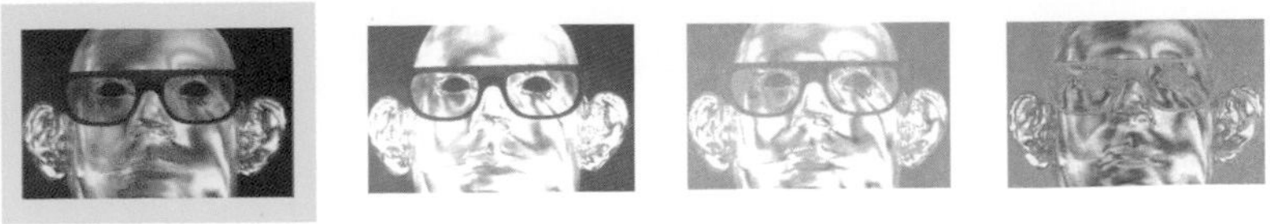

第二章

色彩修正、色彩控制與打樣系統

第三章

印刷的色彩：所印即所見

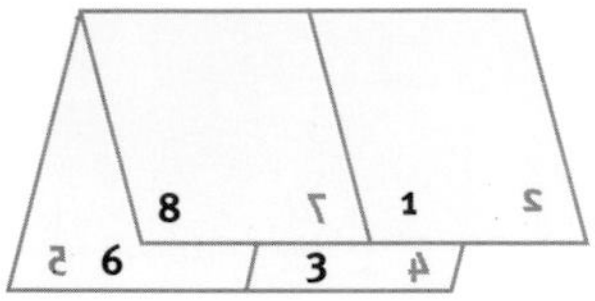
8
7
1
2
5
6
3
4

第五章繼續

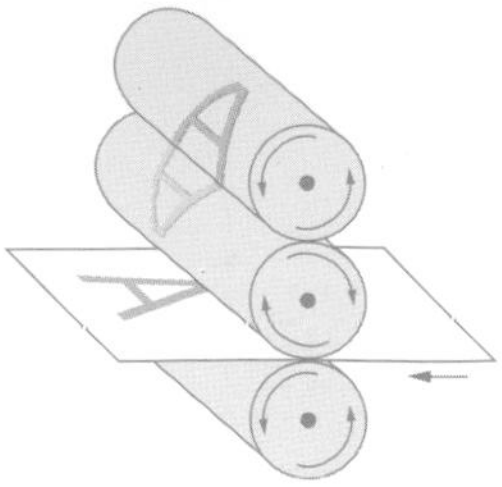

第六章

網頁的色彩

前 言

在撰寫這本「印刷設計色彩管理」的過程中，我才深刻體會到，長久以來人類文明之演進受到印刷工業與傳播媒體的影響竟然是如此深遠，其廣泛的程度超乎我們的想像。

歷史記載十五世紀約翰．顧登堡創造了第一套鉛鑄活字版，正式開啓資訊與知識快速傳播的新紀元，但是這種說法過份簡化，它忽略了人類視覺演化的人文心理需求；在顧登堡的鉛鑄活字版印刷術將量產的觀念與技術引進印刷出版領域的同時，也無意間創造了一個影響深遠的嶄新產物謂之「媒體」，把人類的視覺經驗提升到前所未有的彩色印刷世界；這可由目前尚保藏良好，由顧登堡於1455年用鉛鑄活字版印製第一本「42行聖經」上的色彩豐富之插圖得以印證。

人類有幸不僅擁有賴以為生的識覺生理本能，上天也賦於其有異於他種生物的欣賞、分析、探究彩色世界的能力，更難能可貴的是人類具備創造色彩的獨特能力，因此設計家得以帶領我們進入另一個五彩繽紛的心靈色彩境界，如果我們沒有此天賜稟賦，如果沒有專業人士的努力，人類的美感經驗將黯淡不明，文明演進將裹足不前。

數位時代來到，印刷專業進入 一個顛覆傳統的嶄新世紀，電腦、軟體、網際網路等設備，為設計者帶來無限的創意機會與科技挑戰；但是科技的迷失永遠必須覺醒，不斷推陳出新的數位工具讓一般人誤解設計的本質，沖淡了創意的珍貴價值，以為投入巨額金錢增購更多硬體設備，就能在此專業領域裡呼風喚雨，從古至今這個道理永遠是正確的。首創鉛活字印刷術的顧登堡之所以偉大，並非僅於其對印刷技術的貢獻，更重要的是他詮釋印刷的獨到觀念。否定科技註定被歷史淘汰，以正確態度駕御科技則如虎添翼，讓你出類拔萃。優秀的設計與印製成品，永遠出自那些非常瞭解設計與色彩本質的專業設計家手中。物必須役於人，人不可役於物，否則注定失敗！

本書的主要目的是在提供完整的專業彩色印刷實務與知識資訊，讓有心提升專業水準的設計者，可以更有效率地達到賓主皆歡的結果，實現設計以服務為目的的境地。我們的世界是一個獨一無二的自然彩色世界，彩色印刷是構建人類的心靈彩色世界，設計者與印刷技師則是溝通此兩個世界的橋樑；創意、知識與實務讓此橋樑倍加堅固可靠，唯有不斷地進步和磨鍊才有可能美夢成真。

- 色彩理論：你看到什麼？
- 認識色域
- 色彩的抉擇
- 色彩的認知
- 客戶究竟要什麼？
- 現場照明對色彩的影響
- 合理的協調
- 暖色與寒色間的轉換
- 配色
- 對比色的吸引力（以綠／紅為例）

應用色彩的準則

不論是在傳統或是現代數位設計專業領域，透徹瞭解色彩是成為優秀專業設計師的最主要條件。雖然色彩具有無限的魔力，可是難以捉摸與預測，因為色彩的面貌太多樣，內容太複雜了，它可能出現於印刷品上，也可能在螢幕上跳躍，更可能在夜空的霓虹燈管內流動；色彩可以非常執著、非常傳統，也可以放諸四海皆準。設計者的任務就是統整這些變異，發揮色彩的潛力，讓色彩回歸所長，創造亮麗美觀的作品，滿足客戶的需求。

在色彩面前，所有的設計者都應該是虛心就教的學生，每一種顏色都有其獨特的個性與難題，所以瞭解色彩、駕御色彩，學習和它們和睦共處，是設計者最重要的功課。

色彩是十分主觀的，每個人對這盤巧克力餅顏色的描述一定五花八門，咖啡色、褐色、棕色、古銅色等等。你說呢？

色彩理論：
你看到什麼？

讓我們想像下面的情境：某設計公司週一早上的晨間會報中，一大群設計師圍坐在會議桌旁，經理拿出一張白紙上面塗有一方形「紅色」塊，接著他要每一位設計師用筆寫下這個紅色的名稱，收齊大家的字條後，經理大聲朗讀：「櫻桃紅、酒紅、玫瑰紅、祭紅、洋紅、Pantone 186、…」。

毫無疑問地，人們都一致同意色彩與我們的日常生活有非常密切的關係，可是在色彩的實際應用上卻有非常大的歧見。上面的情境是印刷界或設計界的典型色彩溝通困擾，它普遍存在於設計師、客戶、業務員、輸出中心與印刷廠之間。不錯，色彩帶給我們一個多采多姿的繽紛世界，卻也帶來許多不愉快的紛爭，畢竟色彩是十分主觀，似乎沒有辦法只遵循一套量化的科學規則，來解決所有的色彩問題。

色彩理論是一門相當複雜且牽涉很廣泛的科學，但是目前它的學理發展已經臻於完善境界，並且被普遍地應用於各種領域裡，例如藝術、市場行銷、心理學等方面。但是當你想到「色彩」一詞時，首先出現在腦海裡的是什麼？你最喜歡的顏色？愛車的顏色？或是你所穿的夾克顏色？色彩可以是安靜或吵雜，活潑或呆板，圓潤或生澀，親切或疏離；色彩仍然存有太多不可言喻的濃厚個人心理因素。而這些無法量化的特性，卻也是設計領域裡人們對色彩使用之紛爭最主要的原因。

從古至今，色彩在視覺藝術領域裡一直扮演非常重要的角色。當我們注視著那些古老文明遺存下來的藝術品或建築物時，禁不住會被其中的色彩魔力深深著迷，光輝的歷史痕跡似乎被當時的藝匠，用色彩將之謹慎地凍結起來，在千百年之後當我們再度凝視中國、希臘、羅馬的古物時，我們的心靈再度被當時的色彩感動不已，這是因為那些創作的藝匠們懂得顏料的調配技法，與色彩的應用原理，在適當的時機選用適合的色彩，那是心與物的完美結合。

除了個人因素以外，色彩與民俗風情、區域環境、生活方式、民族習性等因素，也有很大的關係。但是也由於現今資訊傳遞快速，促使各地域的文化訊息廣泛互相交流，生活型態日趨一致，價值觀念也日益相近，所以色彩在象徵意義上也越來越國際化、世界化。例如交通號誌中的「紅色」代表危險及停止；「綠色」代表安全及前進，這是衆所皆知。

儘管色彩的象徵語言已日趨國際化，但是每個文化體系仍然保存其特定的傳統視覺語言。例如當要為「喪事」找出一個象徵的顏色時，我們通常會想到「黑色」，但是在印度卻是「白色」，土耳其是「紫色」，衣索比亞是「棕色」，緬甸是「黃色」。什麼顏色代表「高貴」？在古中國是「黃色」，在古羅馬是「紅色」，在西洋世界則是「紫色」。在古老封建社會制度裡，色彩的象徵意義非常重要，它是維持社會秩序的視覺語言，是禁忌與律法的代言人。

每個人使用色彩大多是依據自己的經驗與主觀喜惡，但是身為一位設計者，這樣的認知是不夠的。培養更專業化、更科學化、更精確化的色彩知能，以作為日後正確運用色彩的後盾，是今日成功設計者不可或缺的修養。

遠在各種現代色彩理論發展成熟以前，古代的藝匠就已經懂得運用技術，在工藝品上賦於許多多采多姿的色彩效果，讓它們呈現光與色的不朽美感。

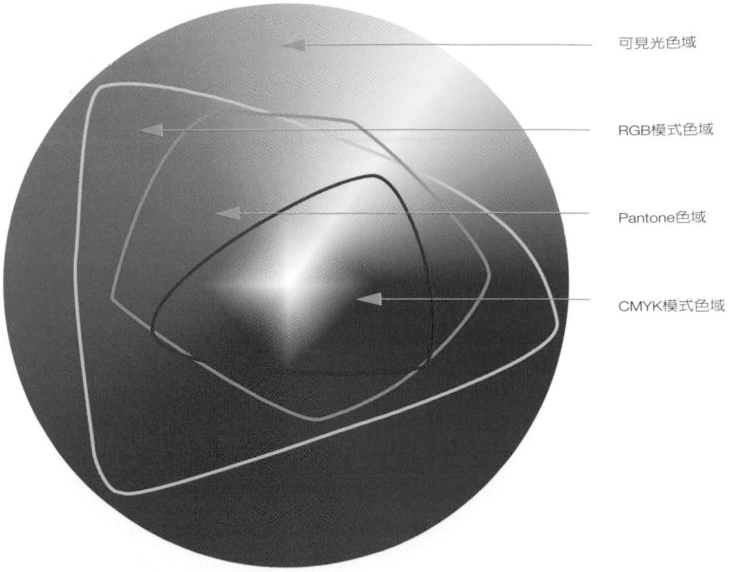

雖然電腦螢幕是屬於RGB色彩模式，但是它的色域也只是可見光色域的一部分，並不能完全呈現人眼可見的約一千萬種顏色。CMYK色彩模式的色域範圍最窄，大約只能呈現四千種顏色。

認識色域

「色域」一詞是指能夠被某一種輸出設備，例如螢幕、印表機或打樣機，所呈現出的色彩範圍。人眼能夠感受並予分辨的色彩，最多約為一千萬種，遠超過目前任何一種輸出設備所能再現色彩的能力，

當然所謂一千萬只是一個概略的數字，它會因人而異。「色盲」就是一種明顯的影響因素，據估計男性人口中約有7%具有色盲，女性則較少僅佔0.4%。由於每個人對色彩感應會因天生的生理差異而不一樣，有些人對某些色彩的微量改變非常敏銳，一眼就能分辨；有的人則不動如泰山，再怎麼改變也毫無察覺，這是人的天性，強求不得。

不論使用的輸出設備性能多好，其實能夠再現色彩的範圍也只是可見光的一部分；也就是說每一種輸出設備的色域，一定比可見光的色域小。掃描器的顏色由CCD的感光能力決定，電腦顯示器的呈色決定於陰極射線與GGB磷質塗料，噴墨印表機的顏色由CMYK色墨及紙張的物理特性決定，印刷則由被印物、印刷規格與油墨性質決定，由於每一種輸出設備的色域範圍不同，所以不可能會有相同的色彩表現。

螢幕上亮麗的紅色，用印刷的方法很難再現；而印刷所能表現的厚重深藍色，螢幕就力有未逮了。

明瞭並牢記這些人類與機器差異的事實後，當日後你必須與客戶或印刷技術人員進行打樣討論時，或許能有較寬容的協調空間。

視覺適應

人類的視覺並非只是單純的光學原理運作，實際上它包含了更廣泛、更複雜的物理、心理與生理的串聯反應，量化的科學數據並不能完全解釋人眼所見的真實世界。下面的圖例可以讓我們明瞭，視覺是如何微妙地調整其機制，以因應外界的刺激，這些視覺適應的本能在日常生活中具有非常重要的功能。

這組圖例說明我們的眼睛與視覺神經系統如何調整，以適應環境的變化。圖中左半部分的水果似乎偏黃色調，而右半部的則偏藍色調。

現在請你集中注意力，凝視此黃／藍色塊交接處中央的小黑方點約30秒鐘，然後再把視線迅速移回上圖中央的小黑點，你會發現左右兩圖水果的色調已趨於一致。

選用色彩是如履薄冰的一項挑戰，看似一瞬間的決定，卻是成敗的關鍵。如何知道所選的顏色是最好的？圖中瓷盤的完美配色告訴我們，雖然五顏六色雜然並陳，可是經過深思熟慮，它們是可以相輔相成的。深藍色與黑色增強了橙色與紅色後，再藉由黃色來貫穿整體，使其畫面趨於統一。

色彩具備非常多樣的個性，在不同的領域裡各有其特殊的意義，對同一個色彩而言，在不同宗教、習俗、政治、軍事上，會有不一樣的涵義；不過這些都是心理所引起的情緒反應，就像圖中的花朵，那些超現實的色彩，迷漫著濃郁的夢幻氣氛。

色彩的抉擇

不論對設計新鮮人或老手而言，每當面臨色彩決擇的關鍵時刻，都是一項重大的考驗，因為影響最終結果的色彩因素實在太複雜了，如何在色彩屬性中的色相、明度、彩度，與色彩心理、社會價值觀中取得唯妙的平衡，確實需要極大的美感直覺和豐富的實務經驗。

雖然乍看之下，選用色彩是一件臆測性與主觀性很高的選擇，而且時常是決定性的賭注，選用錯誤的顏色會令作品暗澹失色，一蹶不振；若選對了適當的配色，則會使產品蓬蓽生輝，好似錦上添花。不過實際上並非如此，設計者還是要充分學習色彩的種種學理與實務，並從其間培養適當使用色彩的洞悉能力，讓設計工作能有事半功倍之效。

色彩心理

人們如何選擇色彩？是信手拈來？有意擇取？還是潛意識主導？也許三者皆有！不過不論如何選擇，我們總是選用最中意的顏色，希望它能為生活添增些許美感，為產品增加更多的附加價值。終究，色彩的選擇大部分還是屬於不可捉摸的心理作用，正像所謂的「情人眼裡出西施」，然而科學的量化數據有時反而力有不逮。如何在兩者之間取得適宜的平衡點，正是設計者須要著力的地方。

色彩的認知

由於世界各地不同的民族、不同的文化對色彩的認知與詮釋不一致，所以要統整一套色彩標準價值觀是非常困難。色彩與人類的生活息息相關，人們時常用色彩來表達某種禁忌、感情與族群認同等形而上的共同約定，譬如白色在西方社會代表純潔、美德、忠貞；但是在古漢人傳統社會裡，白色則是哀傷、悲慟的代言者。這就是色彩認知的差異性之證明。

紅色是一種高視度的色彩，傳統上均視為是力量、權勢、熱情與危險等的代表色，可是千萬種不同的明度與彩度的紅色，卻打破了此共通的認知，每一種些微變化的紅色，引發各種爭論，這就是色彩最有趣，也是最詭譎之處。

非常有趣的，有些色彩如黑色、綠色等，天生具有十分強烈的極端個性，並且為大部分世人所認定。我們常說：黑名單、黑死病、黑道…，不難看出黑色在某方面被歸類為否定的形容詞。相反的，綠色就較具有肯定的情緒，常隱喻力量、生命、希望、朝氣等，在西方社會，綠色甚至代表金錢，可能與鈔票上大面積的綠色有關吧！

色彩的認知非常主觀也很多樣化。你可以在一群同事或朋友間作一個簡單的試驗，要他們寫下心中所想到的與「紅色」有關的東西或詞句，你會發現收回的答案五花八門，從玫瑰、鮮血、禁止號誌、番茄到夕陽無奇不有。不過從其中也可以大略發現，「紅色」代表愛、熱情、危險的認知，佔有很大的比例，這些反應是相當直接，甚至是集體潛意識的表現，所以人性的某些共通經驗認知還是存在的。在現代色彩學裡，我們把「紅色」歸類為「暖色系」，作為建構色彩體系的基礎之一。設計者不但要學習代表大多數人所認知的色彩理論；也要謹慎處理在不同價值觀裡，某些色彩使用確實與我們大相逕庭的事實。

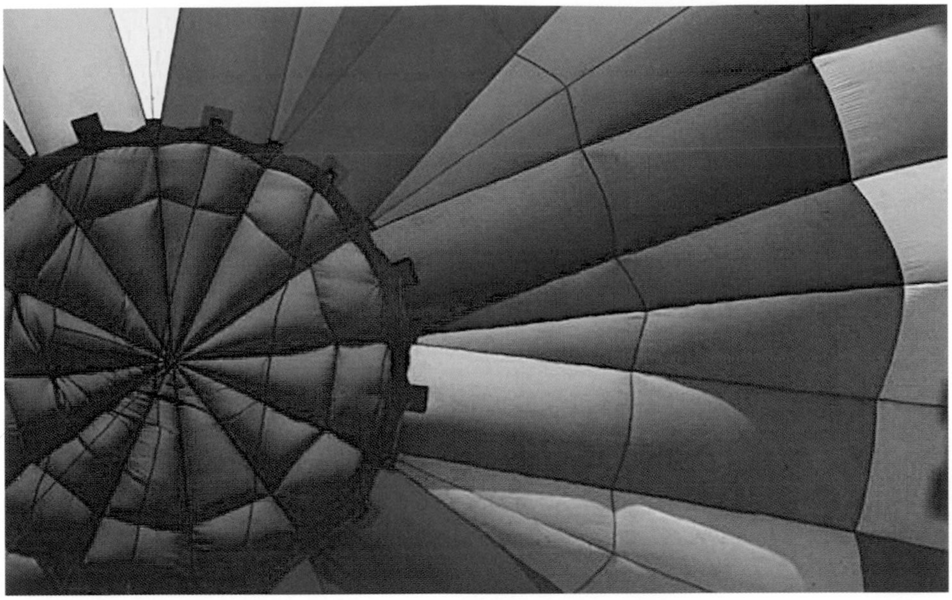

氣球上亮麗的色彩，主要是由四種原色組成，大面積高飽和度的色塊構成了活潑生動的色調，百分之八十到九十的洋紅與黃色相混合，產生鮮明耀眼的紅色。

雖然色彩的意義隨不同的人文背景而相異，但是下列諸顏色卻具有爲大部分人所共認的代表意義：

紅：熱情、力量、權勢、危險。

黃：智慧、歡樂、積極、嫉妒。

橙：溫暖、創意、冒險。

綠：生命、健康、財富、再生、滋養。

藍：忠貞、廉潔、活力、信賴、哀傷。

紫：莊嚴、神秘、夢幻。

褐：自然、大地、穩重、平衡。

白：純潔、美德、忠貞。

黑：神秘、死亡、莊重、結束。

根據色彩心理學研究顯示，色彩的「彩度—色彩的飽和度」對我們的視覺與心理，確實會產生極大的影響。高彩度的紅色、黃色、橙色與金黃色，不但耀眼亮麗，而且也被公認為最具美感價值的顏色；深紫色與靛藍色則有富裕、尊貴與高雅的氣質。

熟悉這些色彩心理的理論，對設計實務多少都會有正面的助益設計工作必定與色彩形影不離，長期與色彩打交道，保證你不久就會成為業餘心理學家，從每一位客戶對色彩的不同反應所累積的經驗越豐富，對解決日後色彩的難題越能得心應手，實力是經驗的不斷累積！

在某些古老文明裡，色彩甚至具有醫療效能，據說紅色能增強活力，藍色能治療傷風與花粉過敏熱。雖然這類說法以現代醫學角度來看，是有些牽強附會甚或迷信；不過目前讓罹患黃疸的出生嬰兒曝照在藍光下，用以提高身體的新陳代謝機能的治療法，這又要如何解釋呢？

另一有趣的例子是，美國有些監獄和看守所試著使用粉紅色，據說有助於安撫犯人的暴戾情緒，降低衝突事件發生；雖然研究顯示這類成效並非很大，不過卻是一個值得深入探討的色彩影響人類行為的課題。

色彩與每個人的生活經驗在潛意識裡緊密地結合在一起，我們對某一個色彩獨具好感，又特別厭惡某一色，是大家曾有的親身經歷；色彩與不愉快的創痛，例如車禍、死亡；或高興的事情，如襁褓期的母愛聯想在一起。這種對特定色彩的潛意識反應，有時會相當強烈甚或影響人的思維，產生令人訝異的行為與力量。

當印刷術進入彩色世界，就好像人類擅自打開了潘朵拉的神秘寶盒，色彩再也無法安靜地受人類控制了。在彩色螢幕尚未普及的年代以前，要想在黑白螢幕上修正這隻青蛙的偏綠色調，幾乎是不可能。如今雖有較成熟的數位科技，但是印刷色彩的掌控仍然十分困難。

色彩演化

回想數位時代尚未來臨，電腦還只是科幻電影道具的那段日子裡，從設計到印刷成品的流程裡，不能被精確掌握的變數非常多。加上彩色原稿的繪製材料五花八門，譬如壓克力顏料、色鉛筆、彩色墨水、水彩紙、影印紙、照片等，不勝枚舉，要奢求百分之百原樣呈現，幾乎是不可能。

設計者將完稿交給印刷廠後，並不表示大功告成，因為惡夢才開始，當第一次打樣稿送回手中，你仍然無法平靜，因為它令你大失所望，紅色變成粉紅色，黃色變成土黃色，綠色變成枯綠色…。總算把多次打樣稿的錯誤逐步修正，也正式上機印刷了，但你仍然不能安眠，還是擔心最後的成品無法達到當初的預期效果。這些惱人的不確定性依然存在，無論設計者在印前作業中如何精挑細選顏色，最終的結果往往令人失望氣餒。

每個設計人都知道，要想提升產品的商業價值，必須不斷地投資更新生產的硬體與軟體設備；不過我們也還記得，那段從傳統作業方式轉換成數位化作業方式初期，所遭遇到的挫折、無奈與所耗費的無盡時間。昔日我們憑藉多年的實務經驗所建立的個人色彩資料庫，在數位化時代剛降臨這個專業領域時，一切都變得毫無用處，一切都被打亂了！數位化印前作業系統剛起步時，其實對實際工作並無太大的幫助。

由於當時彩色螢幕不但價格昂貴，而且尺寸也很小，所以一般設計者還是使用黑白螢幕來充當彩色螢幕，其方法是轉換四色色版濃度百分比，為灰階百分比，以實際的彩色印刷成品與黑白螢幕上的影像互相比照，建立一套屬於自己的彩色—灰階對照資料庫。

任何與色彩有關的工作都必須經過無數次的嘗試和修正，即使偉大如米開蘭基羅者，也是從許多失敗中得到寶貴的用色經驗，才能完成西斯丁禮拜堂天花板的曠世巨作。我們由此學到不變的道理，就是勇於嘗試累積經驗，建立屬於自己的用色資料庫，一旦必須決擇時不怕沒有後盾。

儘管影響印刷色彩的因素非常多，但是唯一不變的是，色彩是昂貴的必需品，尤其是產品的色彩使用不當而必須修改時。在下面章節裡你會學到許多正確的用色方法，可是一定要先充實色彩的基礎理論與數位知能，才能迎接嶄新的色彩世紀。某些傳統的工具與觀念仍然管用，但是相較於現代數位的超勁趨勢，它們將遜色許多！

瞭解色彩在每一種媒介上呈現的特徵，與其色彩的平衡原理，可減少用色錯誤的機會。圖左鮮綠的蕨葉，在彩色螢幕上看起來是相當合理自然，可是假使黃色平衡估算不正確的話，一旦印在紙上後，常有如右圖般的偏色失誤。

掌握色彩的訣竅無他，不斷地嘗試與全神投入而已。正如左右兩圖顯示，如果試著改變圖中的花朵與拱門之CMYK各色板的色階質，可創造許多種不尋常的結果。很多令人驚訝的色彩呈現，其實就源自不斷的探索。經由試驗與仔細比對，慢慢地把原圖中的黃色減弱，最後呈現如圖的迥異色彩。

色彩信心

優秀的設計人使用色彩時都非常果斷、充滿自信心，因為他們已經能夠完全掌握色彩在數位印製前，與成品印製後的各種變化之因素。他們從經年累月的實務中，培養敏銳的直覺能力，並在腦海中建置自己的色彩美學資料庫，不斷地與外界接觸修增資料庫中的寶貴資料。最重要的是設計者必須非常瞭解印刷作業流程。有人說，最優秀的設計人來自印刷廠的第一線，這種說法並不為過！

說起來很無奈，當設計者花費了九牛二虎之力，好不容易把稿件完成，並以快捷郵件把完稿磁片寄出後，設計者對後續的印製作業能著力的地方，其實很有限；如果竟然還相信一切都會完美無缺，印刷成品必然保證稱心滿意，那真是如天方夜譚般不實際！所以接下來的動作就是緊盯著所對應的印刷業務代表，不斷地追蹤流程中各階段的結果，以瞭解其間每一關鍵的控制因素，不但可作為與客戶溝通的資料，也可修正所建資料庫的誤差，最重要的是建立對色彩運用的自信心！

第四章會對印刷的整個過程作一詳盡說明，知道色彩的本質當然非常重要，但是瞭解印刷機如何把設計人的創意表現出來，也同樣重要。對與色彩有關係的任何行業而言，不論是印刷設計、網頁設計或印刷工業，豐富的使用色彩經驗是造就精美成品的必要條件。如果你在設計的過程中無法非常自信地使用色彩，抱歉！這檔生意最後可能會賓主失和，不歡而終，平白損失許多時間與力氣。

客戶究竟要什麼

圓滿的色彩應用，必須建立於雙方充分的溝通與默契，失誤的用色不僅提高產品成本，也影響企業的形象。在進行任何色彩計畫前，必須先確立討論平台，讓每位參與者都明白此平台的色彩特性：Pantone的色彩系統、CMYK四色演色表、其他類似的色彩參考系統都是應備的溝通工具。

世界上再也沒有其他的事會比設計者與客戶之間，在為同一件設計案的色彩問題，所產生的你來我往的口頭混戰更有趣了！若以另一個嚴肅的角度看，在這類雙方主觀意識強烈，認知差異大的色彩協調會，要想取得完全契合的結果，實在是相當不容易，所耗費的時間與精力更是令人氣餒。

我敢說，每一位在職的設計人都曾經歷過下面的尷尬情境，也必須忍受如此的痛苦。經過數個星期無止無休的討論與修正，設計者自認總算把設計案敲定了，並充滿信心地在客戶主管面前展現所提出的最終Logo彩色完稿，等候簽收。但是青天霹靂，客戶驚恐地呼叫：「上一次我們不是確定要用寶藍色嗎？這不是寶藍色！」設計者目瞪口呆，心裡自忖：「我確實是用寶藍色啊！」

於是設計者侷促不安地翻開隨身攜帶的長串色票本，指著其中一塊說，就是這種寶藍色；客戶一眼掃過色票本，指著另一塊天空藍色票，不悅地說：「這才是寶藍色！」

所以有經驗的從業人會告訴我們，進行設計的首要工作就是知道「客戶究竟要什麼？」。這種認知不但能克服對選用色彩的恐懼，也可避免雙方無謂的紛爭，浪費精神和時間。

記住，與任何人討論色彩時，永遠要以色票、演色表等為基準，空口說白話一定會產生錯誤，當然你也可以用你的專業知識提供衷心的建議，從旁協助客戶選色，例如公司機構的年度報告書，可以建議選用接近企業識別系統內的標準色；節令的廣告DM則可使用較華麗的色系。最重要的是傾聽對方的需求，不要急著下決定，給客戶較大的選擇空間讓他們找到中意的色彩，才是最重要的！如果他們需要你的建議，則不妨提供數個推薦色彩。如果你瞭解對方是一個反覆無常的人，則應打出幾種色樣讓他選擇。切記，口頭上無謂的色彩爭執不僅於事無補，對日後進一步的合作也會造成傷害，最重要的，會浪費寶貴的時間、精力與金錢。

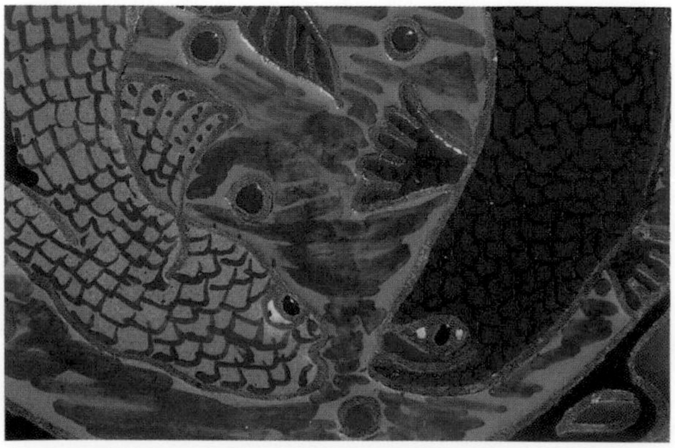

現場照明對色彩的影響

現場的光源對設計者與客戶雙方的辨色能力影響非常深遠。通常設計者都自建了一個照明絕佳的環境，讓色彩方面的工作如挑選、分析與檢視等，可以在很有利的條件下進行。可是客戶或其他相關人員，可能不具備如此專業的照明設備，尤其現在一般辦公室均大量採用日光燈，這對色彩的辨識影響更大，所以在與客戶作色彩簡報時，應該把此干擾因素考慮進去。

日光燈的光源是偏藍綠寒色調，因此會增強寒色效應，降低暖色調效果；而鎢絲燈光源與日光燈迥異，含較多的黃橙色光，所以會增強暖色調效應。中性自然光源色溫正常不會有偏色現象，最適合用來檢視色彩樣品，現代先進的設計或印製工作室都建置「標準色溫燈箱」或「標準色溫燈櫃」，讓色彩呈現更精確、更標準。

現場光源對有影像的色彩影響甚鉅，不妨作個簡單的試驗，把這張印刷圖樣置於各種照明光源下，例如日光燈、鎢絲燈、滷素燈等，試著比較其呈色有何區別。

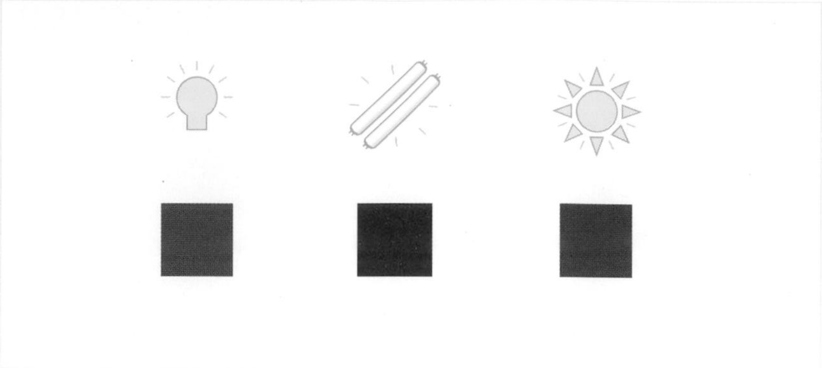

圖中的三個色塊呈現不同的藍色調，是用來示意色彩偏移現象。

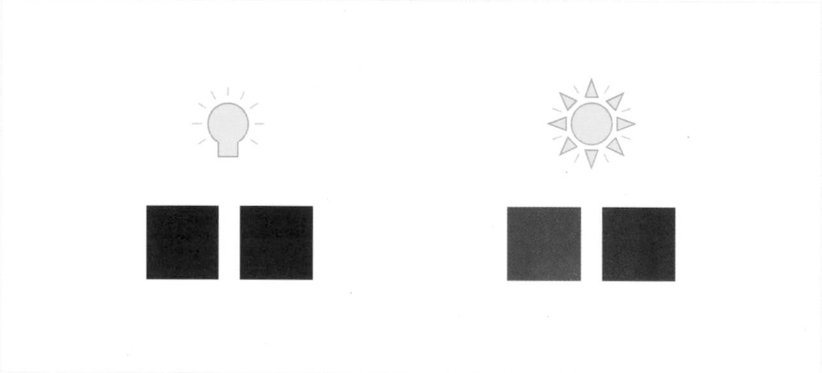

這也是色彩偏移現象示意圖。此四個色塊其實都是相同的紅色，但是分別以鎢絲燈光與中性自然光照射，其色彩偏移現象一目瞭然。

色彩偏移

所謂「色彩偏移」或稱「偏色」，是指某一明確的色彩在甲種光源下所呈現的色調，與在乙種光源下所呈現的色調不一樣。理論上而言，任何色墨所印製的彩色樣，在嚴格控制的自然光源照明下，偏色的現象微乎其微；但是若分別置於鎢絲燈或日光燈下照明，那麼色彩偏移的情形會非常明顯。瞭解每一種光源偏色的特質，有助於日後在對客戶作色彩簡報時，作更深入說明。前面提到的「標準色溫燈箱」或「標準色溫燈櫃」是修正偏色的不可或缺的設備，使用這類輔助機具時，先打開一般室內日光燈照明設備，再把色樣放置於燈箱或燈櫃其中，退後數英呎檢視色樣，此時色樣所呈現的色調，會與簡報現場所看到的非常接近。

上圖中的三個藍色塊是分別以三種不一樣的光源照射後可能偏色的示意圖，左方塊是以以鎢絲燈照射，中間方塊是以日光燈照射，右方塊是以中性自然光照射。

設計者應該讓客戶盡早知道色彩偏移的事實，讓他們瞭解光源對呈色的影響；同時也令他們感受到你的專業本領，與你對他們的貼心關懷，能夠建立這層默契後許多誤解會減少，接下來的溝通便會更順利。

不但設計者必須知道色彩偏移的事實，其他如印刷技術人員、輸出中心技師等也應熟悉之。

合理的協調

設計師與許多秉賦創意的藝術家一樣，多多少少都具有自負與不易妥協的傲氣，每個人都有其獨特的見解，這種特質是不錯，可是若淪為意氣之爭而導致兩敗俱傷，實在得不償失，尤其是以服務為目的的設計專業，應是以合理的協調為最高指導原則。所以成功的設計家一向都是心胸開闊，接受各種異類觀念挑戰，重新整理思緒，在失敗中累聚豐富的實際經驗，最重要的是養成合理的協調能耐。

設計者應該視與色彩為伍是一項特殊權利，而非咒詛。如果能以此積極的心態面對色彩，這場戰役你已經贏了一半。一旦在處理色彩的過程中養成了解決問題的耐性，那麼其他的設計問題也就很容易處理了。當看到幾經折衝最後的印製成品擺在你眼前，亮麗色彩牽動你的喜悅心情，此時一切的努力都是值得的。

當接下一個色彩計畫案後，先不要急著動手，此時最重要的工作是客觀與合理的分析，它們會幫你整理出全體的調子。如果掌握了亮麗鮮艷的主調，結果就會有如上圖的色彩表現，如果意屬古典高雅的主調，就會有如下圖的色調呈現。

色彩計劃先期檢查表

下列色彩計劃先期檢查表對任何一位設計新手或老手都非常有助益，請勿忽略！在正式切入計劃案核心前，要充分瞭解客戶的需求、預算與期限，暫時摒除個人的主觀意識和喜好，先以客戶的務實立場衡量此計劃案。知道客戶的需求後，再以下列檢查表內的問題自我檢視。

1、此計劃案的訴求對象是誰？

2、此計劃案的主色調是什麼？

3、那些顏色最能表現上述主色調的精髓？

4、此計劃案的預算經費有多少？

5、是四色全彩印刷、特別色套色印刷？特別色有幾色？

6、整體而言，此計劃案是在創造典雅傳統還是酷炫現代的氣氛？

7、此計劃案是針對產品促銷，還是勞務行銷？

8、這是長期計劃案，還是短期的計劃案，還是大計劃中的子計劃？

9、客戶是否從你所提供的色彩參考資料中挑選色樣？

10、客戶是否固執堅持己見？還是心胸開朗不排斥異己之建議？

11、客戶是否有較寬裕的預算，能採納較佳的紙材與效果較好的加工技術？

12、印刷成品大概是在那一種光源照明下展現？

藉由上述的檢查表，設計者可以充分瞭解並掌握客戶的主要需求，如果雙方不能完全溝通，那麼合作無間的關係就很難達到，最後的結果可能會很不理想。色彩計劃是一件合理協調的服務，先入為主的偏見有礙事情推展，切記！切記！

暖色與寒色之間的轉換

雖然色彩是最不可捉摸、最複雜的設計要素，不過色彩學仍是一門兼具藝術、心理學、物理學、化學等領域之綜合學問。在色彩學裡依據人類對色彩的心理感應，將所有的色彩分為「暖色」、「寒色」與「中性色」三大類，所謂暖色系是指色域中靠近紅色、黃色與橙色的諸顏色；寒色系是指色域中靠近綠色、藍色與紫色的諸顏色；而中性色是指靠近褐色、灰色至黑色的諸顏色。至於白色則可歸諸於中性色、寒色或無色，可因對象或從事的個案不同而異。

藉由仔細之觀察訓練，我們可以很清礎瞭解色彩如何由暖色漸變為寒色的原理，反之亦然。色彩的色調千千萬萬種，如果依據某種可掌握的變數，將之有系統地排列，我們是可以掌握此看似龐然雜亂的色彩世界，「演色」是一種目前在印刷領域應用最廣泛的方法。在練習觀察演色表的參數變化，就好比沿街道開車，一路解讀每棟房子所含顏色之量的變化，當然變數越多越難掌握色彩演化的主軸。讓我們以印刷常用的原色洋紅色與黃色為例，說明暖色與寒色之間的轉換與演色之間的密切關係。100%純洋紅是略帶涼意的色彩，而100%純黃色是不折不扣的暖色；現在把兩個顏色相混合，慢慢地增加黃色量的百分比，但同時維持兩量的百分比總合為100%，此時我們會發現整體色調逐漸往橙色調演進，最後達到黃色量100%，洋紅色量為0%的純黃色，也就是由涼色轉換至暖色的演化過程。

若把「四色全彩印刷」的其中三個原色料：青、洋紅、黃，按照比例兩兩相混合，並維持兩量的百分比總合為100%，則整體色調會有逐漸往暖色調演化的趨勢。圖中洋紅色與黃色的實例，說明暖色與寒色之間的轉換與演色之間的密切關係。

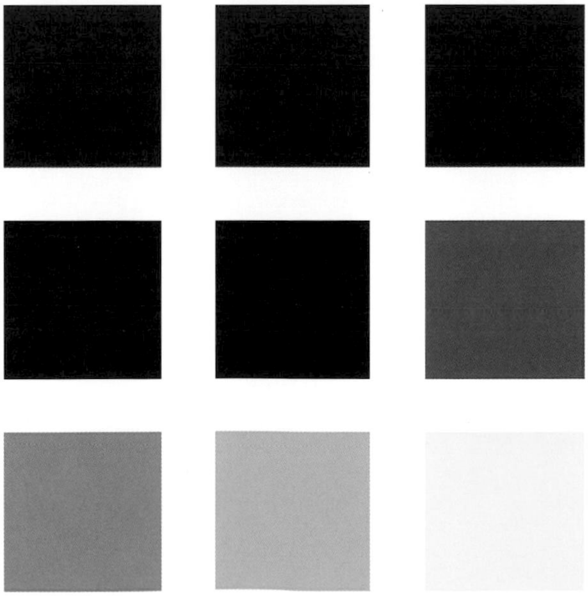

仔細比較體會寒、暖色調之間微妙的細膩差異與轉化，有助於培養敏銳的色彩觀察力與用色的直覺力，並能從其過程中建立屬於自己的色彩資料庫，對任何設計工作都有很大的幫助。這幅菊花的整體影像略偏寒色調，從花瓣的明亮部位與中間調部位中都可感受到這種偏移；下圖中，花朵局部放大的影像，則略帶暖色調，比較其明亮部位與陰影部位與上圖有何不同。

配色

當你陷於配色苦思時，不妨暫放下工作到戶外尋找靈感，大自然時常提供許多寶貴的配色式樣，令人嘆為觀止，而這些大自然的偉大配色法則，是設計人應該好好記取的。

如果自然界中的彩虹能夠擬人化，那麼你願意變為那一個色？冷冽的藍色？高雅的紫色？炫耀的紅色？表面上也許這僅只是一個不值得嚴肅看待的問題，但是其深入的題意是：怎麼樣的配色才會讓每一種參與的顏色相輔相成、相得益彰？

即使是所謂的色彩專家、色彩權威，也很難斬釘截鐵地說哪一個是寒色，哪一個是暖色；也很難告訴我們，哪些顏色搭配一起是最佳的。許多色彩同時並列其結果可能會非常調和，令人賞心悅目；也可能會互相衝突，令人難以忍受。色彩選配沒有一定的準則可依循，唯有靠不斷的嘗試與豐富經驗所培養的洞察能力，才能達到所想要追求的結果，以及想創造的色彩氣氛。

色彩除了可以分為暖色系、寒色系與中性色系三大類外，我們也可以根據人們對色彩的最直接印象，將它們分類為「自然色」、「飽和色」、「柔和色」與「安靜色」等。自然色是我們最容易辨識的顏色，舉凡與大自然現象有關的色彩均屬之，例如天空的藍色，青草的綠色，樹幹的褐色，橘子的橙色等。一般人較不會排斥習以為常的自然色，是比較討好的顏色，對設計者而言也是較為容易處理的色系。

此幅攝影作品提供了一個有趣的配色式樣，圖中共包含了三種主要的自然色系：暖棕色、冷綠色與微量的紅色，形成一個祥和安靜的畫面。（Audrey Baker攝影）

色彩是大自然給設計者最珍貴的禮物，只要仔細觀察就可以滿足我們最渴望的視覺需求；上圖中看似簡單的配色中，卻隱藏著極為豐富細膩的色調變化。再看下圖綠葉透光所呈現玲瓏剔透以綠色為主的配色，也是飽含了多層次的色調變化。

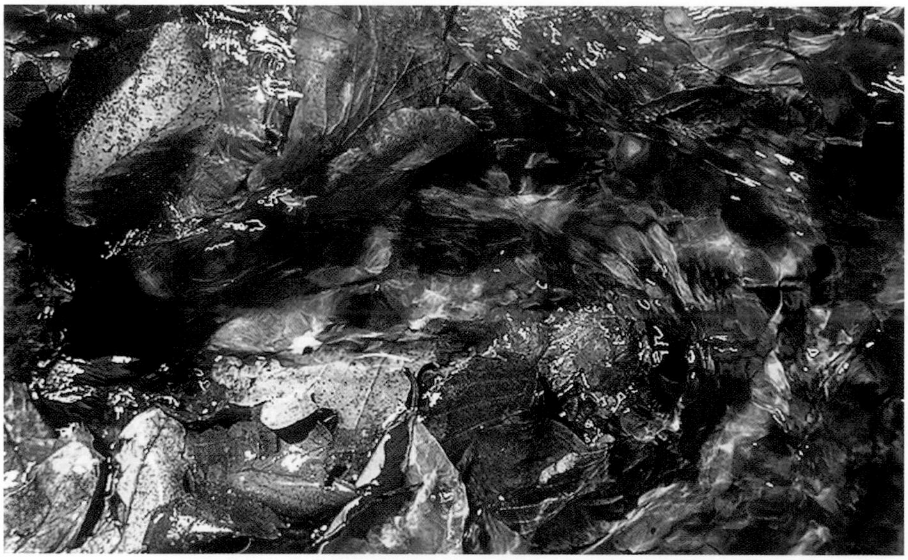

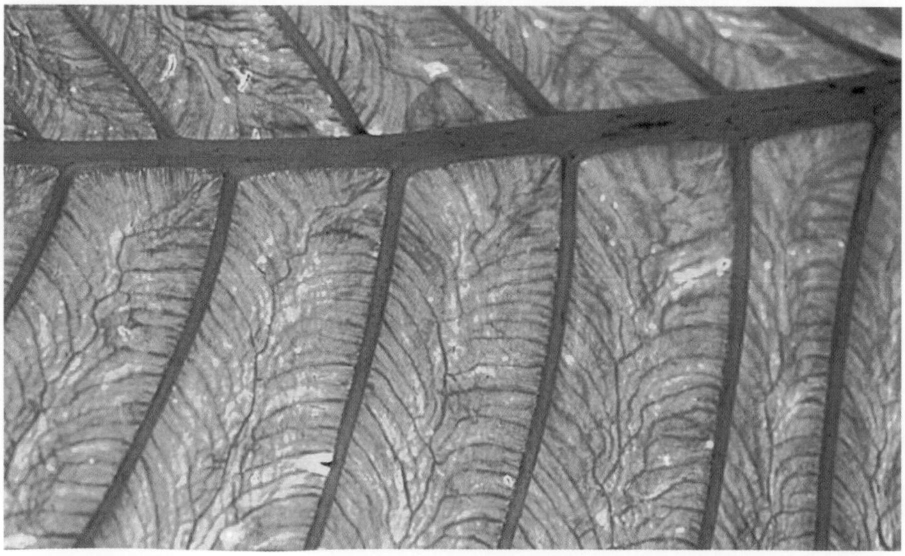

圖中豐富的飽和色：紫色、寶藍色、墨綠色等雖然極為炫麗耀眼，但也容易令視覺疲乏，使用這類顏色時要非常謹慎以免喧賓奪主，搶走了最重要的訊息傳達的功能。兩幅圖都有一主色調，配以許多細膩的色澤變化，讓色調更為豐富。

飽和色

紅色、酒紅色、紫色、寶藍色、墨綠色等，這些純度很高的色彩可說是飽和色。如果再配以不同百分比的黑色量，那麼這些顏色的飽和度會越顯著，在印刷上的遮蓋能力會越強大，以寶藍色為例，此顏色不但色澤濃稠，而且純度非常高，所以印刷的效果相當理想，若配合其他亮麗的色彩會益顯其高貴的氣質，但是使用時要格外小心，宜適度控制其面積，過大的面積不但會降低其原有的典雅氣韻，令整個設計的價值感下滑，而且影響文字的辨識度干擾訊息傳達。其他的飽和色使用也應秉持此一原則，才有事半功倍之效。

稍微改變某一柔和色的濃度百分比，可能使整個印刷視覺效果徹底改觀。圖中的鵝卵石影像是以四色全彩印製，其中的青版、洋紅版、黃版的濃度各減少3%，其結果不但中間調部位的層次非常豐富，暗部位的層次也很理想。這種活用色彩的直覺能力必須靠平常的經驗累積。

柔和色

時常有許多設計者視處理所謂「柔和色」為畏途，只因為它們沒有五彩繽紛耀眼的衝擊力，不過只要把握兩個原則，這類溫厚的顏色還是有如虎添翼之效，令整個畫面生色不少，此兩個基本因素是，（一）對色彩的直覺能力和判斷力（二）正確預測某一柔和色，在每一種濃度百分比的視覺效果。

因為柔和色在印刷品上的顯色能力變化非常巨大，常令人捉摸不定，不同的百分比絕對影響整體感覺。如果你的色彩計劃案中須要大量使用柔和色系，為了要適切地控制印刷品質，減少工作困擾，最好是預先設定一些不同百分比的色塊，並將之列印出作為參考色樣。

柔和色系最吸引人的地方，就是看似簡單的顏色，卻包含了非常豐富的類似色調，令影像顯得更精緻、更飽滿。圖中黃色的大片木牆中，你找到幾種不同明度的黃色調？

色彩會說話

閉上眼睛回想一下，在過去二十四小時內你看到些什麼？深刻映在腦海的影像是什麼？是公園的綠地嗎？是今天早上那杯奶精漂浮、褐白相間的香濃咖啡嗎？或是電視廣告影片上的紅色跑車？根據統計資料顯示，不論在何處看到，或是看到什麼，記憶最深刻的影像大多與色彩有直接關係。色彩比其他視覺要素具有更強烈的烙印能力。

只要問問廣告從業人員，那一個因素最能在消費者的記憶裡留存最久？文案、聲音還是色彩？你一定能得到答案。不論是平面媒體或電子媒體，色彩永遠具有主導整體效果的強大力量，所以設計者應該為每個色彩計劃案殫思極慮，讓色彩為產品或勞務發揮長久的功效。

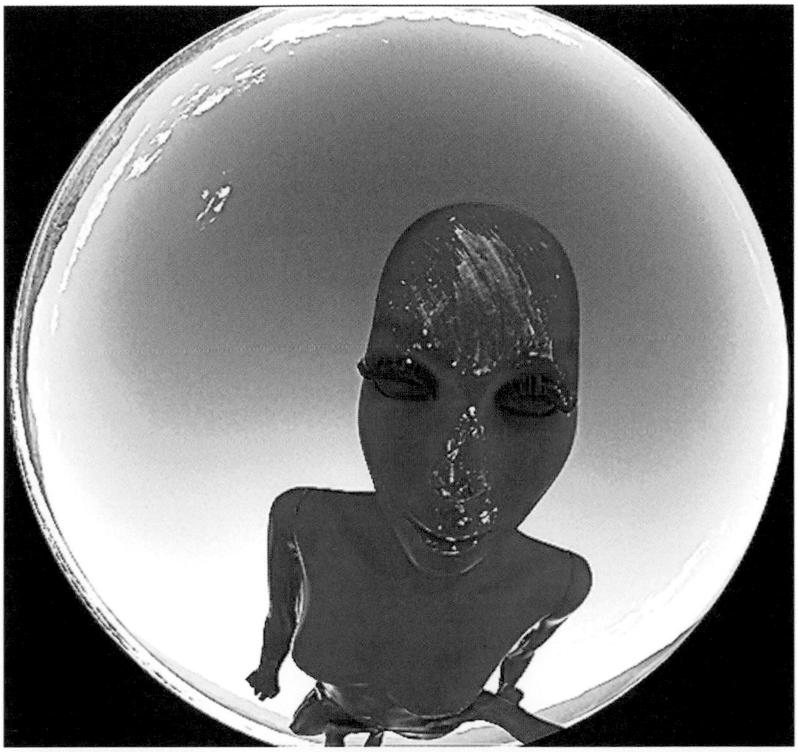

色彩的強烈訴求力量是有目共睹的，也是每位設計者努力追求的設計要素，但是在沉迷於色彩的魔力時，切記，不要走火入魔，讓色彩掩沒了其他的東西，使整個作品俗艷難耐。

黃色一向是控制色彩混合的主要顏色，但是處理的時候要十分謹慎，過與不足都會嚴重影響整體美感。

黃色效應

許多設計或印刷人員對「黃色」滿懷無以名狀的恐懼與挫折感，因為黃色具有太獨立、太活耀的個性，非得小心駕御不可。可是若處理得當，黃色對大部份媒體而言是十分實用的顏色，也是調混顏色時很重要的關鍵要素。不論是打樣或最後的印刷成品，黃色往往會有令人出乎意料的氣餒表現，但黃色又是如此重要，想要調整至正確的色調確實要下番功夫。最保險的方法是事先備妥一個滿意的黃色調為主的印刷樣張，隨時拿出來作為修正參考，也不斷提醒自己一旦黃色失控會有什麼結果。

左圖例中黃色的百分比濃度遞增率是20%，從最左上黃20%漸增進至右下黃100%。而右組圖是根據左圖，再混以青20%的百分比濃度而形成，這是四色全彩印刷的色彩呈現的基本原理，謂之「演色」。

對比色的吸引力
（以綠／紅為例）

目前設計界存有兩派極端的爭論，有些設計者認為配色應盡量採用類似色相並置為宜，另有一激進派抵死認為，以對比色來配色才是最理想的用色指導原則，當然這兩種說法都有其美學根據，這兩種論調都能成立，應該依據你的色彩計劃之類型與需求，來決定使用那一個配色原則。

色環上位居於相互對面的兩群組色彩謂之「對比色系」，這些顏色都與其對面的顏色，具有截然對立的色彩個性，要將它們湊合一起實在不容易，這也正是上述引發長期紛爭的主要原因之一。而同位居色環相臨位置的色彩群組謂之「類似色系」，這些色彩則都具有相似的色彩個性，所以要把這些融洽的色彩並置配合，就很容易了。不可否認，類似色的配色方法在某些條件下確實不易運用，進行對比色系配色計劃要相當謹慎，應避免流於珠光寶氣俗不可耐，但只要稍加用心還是能達到不同凡響的效果。

在對比色系配色法中，因為顏色互相激盪，故能形成衝擊力非常強烈的視覺效應，只要在適當的設計條件下，對比色系配色是一個不錯的運用法則。圖中紅／綠對比色並置的現象，在大自然中是很普遍，對比色配置是為了互相增補，而非相互干擾，此為用色的原則。

對比色的極致就是「互補色」，即是位居色環正對面的兩個顏色。傳統的「互補色對」是：紅／綠、紫／黃、藍／橙。

第一章 摘要

設計者與客戶之間的穩固關係，建立在兩者問的良好默契，而默契的培養則首賴設計者豐富的色彩知識和熟鍊的用色技法。不斷地嘗試、發現、分享與重整，是優秀設計者掌握色彩的最佳途徑。身為一位隨時代脈動不斷成長的專業設計者，有責任利用各種管道學習最前衛的色彩知識與科技，建立更精進的專業聲望，以服務社會需求。不要只侷限於印刷領域，其他如室內設計、戶外景觀設計、建築設計等相關範籌的知識亦應盡量涉獵，所謂觸類旁通正是也。大自然是最好的學習教室，她為設計者準備了多彩多姿豐盛的饗宴，只要有靜體天心的誠意，設計者可以從中學到不少的配色妙方與靈感。因此不妨走出工作室，造訪自然公園、植物園或野生動物園，讓大自然為你打開另一扇創意之門。

色彩修正、色彩控制與打樣系統

乍看電腦螢幕上的設計稿，觸目所及都是亮麗、飽滿的完美色彩，你迫不及待想馬上將之送上印刷機印製，可是別著急，先問一下：「這些色彩真的是那麼完美嗎？這些精彩的圖像真的如螢幕所示那麼無缺陷嗎？或只是眼睛的錯覺？」電腦與印刷機是兩種截然不一樣的系統，你看到的並非你能得到的，色彩在正式印刷前不經過仔細修正，如何能確保兩系統的誤差已降至最微小如果你是一位設計新手，尚未累積經驗以建立自己的色彩資料庫，又輕忽打樣的重要性，那麼，「偷雞不著蝕把米」的賠本災難遲早會降臨。

在印刷領域裡影像與打樣是一體兩面相輔相成，專業設計者如欲維持專業的設計水準，一定要投注相當的精神與金錢，完全掌握色彩的神奇力量。熟悉色彩修正的技術非常重要，如何在打樣的過程中實際調整色彩的偏移更為重要。身為一位設計者，必須認知色彩是一個變化多端的魔幻世界，唯有充實自己的專業知能作為後盾，才有駕馭色彩、使它們為你實現創意的可能。

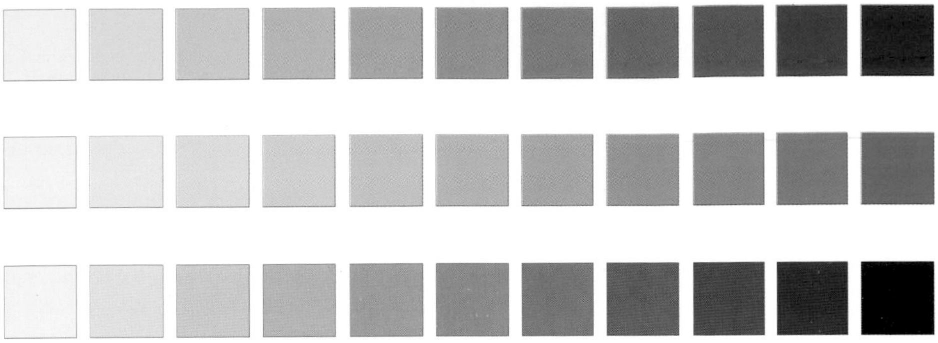

設計者都應該嘗試製作屬於個人的調色資料庫，如圖例中的演色表。三列演色表都是以黃100%為起始，然後以其他原色10%濃度遞增，直到兩者都達100%濃度：第一列是黃加洋紅，第二列是黃加青，第三列是黃加黑。

自建調色資料庫

設計者常喜愛體驗各種色彩嘗試，因為其中充滿了不期而遇的喜悅，隨心所欲的自在，和無限廣闊的創意；然而這類的誘惑花費還真不少。執行色彩計畫過程中免不了色彩修正或校正，但是依據什麼修正？必須有所憑才行。所以根據自己的經驗、嘗試與喜好，建置一套屬於個人的調色資料庫，以作為實際工作時的參考是一非常重要的前置功課。

「演色」是建置調色資料庫的一種方法，其基本概念是：理論上而言，任何色彩都可以用不同百分比濃度的印刷四色（青Cyan、洋紅Magenta、黃Yellow、黑Black）調混而呈現。目前的影像處理和繪圖軟體都內建此類演色的機能，你可從中測試取得最適宜的演色樣本後，儲存為調色資料庫以備日後不時之需。現在讓我們試作幾例，以洋紅100%為起始，逐次增添黃10%濃度，直至洋紅100%、黃100%而成紅色；以同樣的方式，逐次增添青10%濃度，直至洋紅100%、青100%而成藍色；以此類推不難歸納出演色的基本原理。將這些演色樣本列印出，並整理成一參考系統，就成了最個性化的專屬調色資料庫，對日後執行各類色彩計畫都非常有幫助。

此資料庫一定會隨著業務的進行不停地修正與成長，你會加入某些曾經使用過並且覺得很得意的色彩，但不要忘了進一步分析之，譬如試著把該色以10%濃度逐漸遞減，探討其無盡的色調變化，並記錄之，這些都是十分有價值的參考資料。

演色試驗常可得到意想不到的結果，這些新色樣正好可以納入你的調色資料庫，圖中的演色表就是此方法的實例。三列色樣都是以現存的色彩為起始，然後以5%的濃度遞減；第一列起始顏色為72%青加38%黃，第二列起始顏色為43%青加76%洋紅，第三列起始顏色為56%洋紅加87%黃。

圖中的樹林與池塘迷漫著金黃與淡紅霧靄，好一片楓紅深秋之景，若以印刷專業的角度看，此幅美景卻是曝光過度。調整「亮度」與「反差」兩要素也許稍可修正，但是再仔細微調「色相」、「彩度」與「濃度」才是一勞永逸的長久之計。

圖示是一幅彩度過高的實例，整體影像漫佈洋紅色與藍色的偏色，是一相當棘手的色彩修正挑戰。再加上落日餘輝的亮位，與剪影暗位之間的反差階非常大，欲要求兩者都能漂亮演出，幾乎不可能，總有顧此失彼之憾。

色彩修正與色彩控制

有人說為彩色影像調整或修正色調，就好像與魔鬼共舞，因為不知不覺中就會玩火自焚，正是走火入魔也！關鍵處就是知道何時該停止修正；可是停止的依據又是什麼？應該根據演色法來控制色彩濃度。當然你事先要在電腦軟體中熟練演色法的各種操作，將色彩修正動作的每一階段列印出，以作為下一步動作的參考。有關影像色彩之偏差包括下列幾種情形：彩度過高、曝光過度、曝光不足、暗位過大、亮位過大、偏色等；總之，彩色原圖的影質如果不理想，就要進行煩瑣且耗時的色彩修正與色彩控制工作。

剪影效果的確非常吸引人，但卻是設計者的夢魘，剪影的色彩修正不容易，如果幸運的話，也許只要控制「亮度」與「對比」兩個參數即可，可是大多數情況是還必須大幅度調整彩度與色相兩要素，這使色彩修正更為複雜。印刷時則要盡量避免色墨太厚，造成渾濁黯淡。

彩度或色彩飽和度

所謂彩度意指該顏色的純度，或是顏色飽和的程度。修正彩度過高的影像需要一點熟練的技巧，這種色彩控制的最終結果時常出乎意料，雖然我們在電腦螢幕上設定的調整變化量不大，但是印製出來的成品總是與我們的期待相去甚遠。由於最佳成果不可能一蹴即至，所以應心平氣和逐步修正，

建議每一個步驟都要列印打樣，並記錄修正數據，作為往前進行的依據，比較每一步驟的差異，繼續修正直到確信滿意為止。

切記，印前設計作業上彩度過高的影像，若不加以適當修正而冒然付印，由於產生印刷網點脹大現象，會使彩度過高的情形更嚴重；假使已進行至此階段才想來修正之，則唯有減少油墨層厚度，但此舉並非上策，因為印紙上其他正常的影像，其呈色一定受影響。因此，印前工作若不完美，事後的任何補救措施都無法令人滿意！

影像的濃烈陰影或謂暗部太強烈，是非常棘手的修正工作，需要非常謹慎的專注力與多次的測試，否則極易矯枉過正，使陰影處在印刷時形成色調分離的不自然顯色。圖示就是陰影濃烈的影像實例。

細微的色調調整，可說是色彩修正工作中最細膩的技術。圖中黃色與棕色雜陳的色調，使色彩修正變得十分困難，因為若要照料前者，那麼就會牽動後者，反之亦然。記住應該避免強求兩全其美，事實上也不可能達到此境地，設法只修正色彩偏失較嚴重者即可。

影質不佳的原圖最令設計者頭痛，圖中的影像幾乎囊括了所有影像致命傷，如曝光不正確、彩度嚴重流失、刮痕、污點、模糊、對焦不準等。若還是要勉強修補原圖，只會浪費時間和精力，建議另尋其他的圖。

我們將以一系列圖例，來說明修正色彩濃度太過飽和的影像，是一件非常辛苦但並非絕對有效的工作。左上方原圖的色彩濃度太過飽和，需要適當的修正，然而由上至下，由左至右逐次減少10%青的濃度，所得的結果並不盡令人滿意。

這幅圖中的洋紅色佔據很大的面積，而且彩度也略過飽和，乍看下似乎偏色很強烈。改善的方法就是減少10%洋紅的濃度，但要訣竅就在注意背景的藍色，不要因此轉成紫色調。

這兩幅夕陽涉禽的美景確實相當吸引人，只可惜原圖（上圖）整體黃色濃度過於強烈，但是其黃色調又是佈滿整個畫面，調整起來會較複雜。設計者大概不會輕意放棄這類討人喜愛的圖像，一定會盡全力搶救。下圖是經過謹慎的微調修正移除30%的黃色，最後的成果還十分理想。

圖中海灘一景中的影像確實曝光過度，需要進一步修整。首先要決定先修正那一部分，在此例中先增加「中間調位」20%的設定值，再以此「中間調位」為參考，逐次修正「亮位」、「暗位」直到滿意為止。試比較前後兩幅的效果。

曝光過度與曝光不足

一般而言，客戶送交到設計者手中的彩色原圖，大部分均非十全十美，多少都有些瑕疵，但是經過修正處理，這些缺陷的影像是可以改善。如果只是輕微的缺點，簡單地調整「亮度」與「反差 — 或稱對比」的設定參數應該就奏效。Adobe Photoshop影像處理軟體內建許多功能強大的影像修正與控制機能，藉由「色階」與「曲線」等指令，針對每一幅影像、每一種問題，分別在「亮位」、「暗位」與「中間調位」，甚至CMYK四個色版中，作細膩的色彩修正，只要謹慎熟練幾乎所有的影像都可臻於完美。

曝光不足的影像很常見，不過應用影像處理軟體來修正並非難事。左幅影像是在多雲的室外光源下拍攝，其暗位嚴重偏差；右幅影像是經過仔細的「亮度」、「對比」與「銳利化」等參數微調後所得的結果，其整體色彩是否更為亮麗鮮活？

亮位與暗位嚴重偏差

影像的亮位與暗位嚴重偏差的現象非常普遍，即使在光源很正常的情況下攝影，此種缺失很難避免，更別說光源條件惡劣的環境。修正這類缺點對設計者而言正如人飲水冷暖自知，有人視之為挑戰，有人卻視之為畏途。這類影像失誤的地方幾乎沒有相似的，每一幅都是獨立個案。暗位嚴重偏差之修正，常導致該處出現色調分離假象；而亮位嚴重偏差也會使強光點凸顯失真。進行這類工作時切勿急燥，應緩慢謹慎隨時比較修正數據，便可一步步達到完美的境地。

弧形光蠟質表面在光線照射下一定會產生強反光點，正如圖中的青椒表在攝影閃燈照射下，其表皮上會產生極度不自然的反光點。如何調整？首先應該降低整體的「亮度」以減弱強反光點，接著再修正「反差」以提高色彩的「彩度」。

在調整「暗位」時須要特別注意，避免過度波及整體色彩。圖例中的影像色彩非常濃厚，所以暗位也是顯得特別強烈。修正的方式是緩慢漸進調整「亮度」與「中間調位」的設定值，切忌急躁大意。

以頂光拍攝人像之臉部時會形成大塊之陰影，修正這種缺點並不太容易，「妥協」是常採的原則，也就是為了達到某一目的必須略犧牲某些要求。左原圖的色彩濃度確時很高，只可惜臉部的陰影是明顯的敗筆；我們使用了Photoshop軟體來修正「亮度」與「中間調」，讓馬賽族戰士炯炯有神的表情顯露，雖然這是妥協的修正法，但還是要留意藍天的色澤不要被稀釋。

原圖同時包含大面積的暗位與強烈的亮位反光，此種缺陷很難有效補救，雖然經過細心調整仍然回天乏術，此時就應考慮更換。

從左邊四幅圖例中可看出，色調微調的結果其差異是多麼明顯。左上圖是原圖，接下來的三幅圖各減少5%、10%、15%的洋紅，請仔細比較它們的不同。

色調微調

如果所要調整的影像其明暗反差沒有明顯的極端差異，或整體色調非常相似時，就要小心處理避免過度；一方面是因為印刷油墨常會過度呈現色彩的濃度，另一方面則是螢幕的RGB色域和油墨的CMYK色域不同，後者無法完全表現前者的顏色，所以單憑螢幕作色調微調是不夠的。

無論你所修正的是什麼影像，在正式付印前應要求印刷廠先做一分彩色打樣，以確定某些在印前無法十分掌控的色彩，也更能奠立你的專業設計的精確水準。接下來要介紹幾種在印刷設計過程中常用的彩色打樣。

人像膚色在印刷上的再現，可說是很主觀且難掌控。右列三圖若分開來審視，大概很難區別何者偏紅，何者偏黃；但如果並列檢視，它們之間的色調差異就很明顯了。

飲料與食物是設計者最常接觸的影像，優秀的影像應該能傳達可口、新鮮與豐饒的愉悅感情。色調修正是最不得已的手段，良好的影像應該在攝影階段就決定，所以優秀的攝影專業技術還是首要的條件。

「打樣不嫌少，打樣不嫌早」是決定印刷品成敗的關鍵因素之一。要養成隨時比對打樣的習慣，因為螢幕上看似色調不錯的影像，其印製後的成品常常與我們預期的效果相去甚遠。比較圖中的先後兩例，就能夠明瞭為什麼打樣在整個設計過程中是不可或缺的工作。

打樣的種類

打樣的種類

- 設計編排打樣
- 網屏嵌入打樣
- 小版打樣
- 組合打樣
- 大版打樣
- 契約打樣

「打樣」在整個印刷設計過程中是非常重要的環節，設計界與印刷界流行一說法：「打樣不嫌少，打樣不嫌早」，正顯示打樣是決定印刷品成敗的關鍵因素之一。打樣的種類依其型式區分，可歸類為下述幾種：

設計編排打樣

「設計編排打樣」是構思設計階段常用的檢視色彩的方法，其目的是為設計案中某些較重要的影像預先作色彩調整。圖像原稿一般都是送交數位輸出中心掃描後，把圖拼成一整張列印作為調色參考樣張，數位電子檔則可在電腦上，依據調色參考樣張修正色彩；有些設計者自己已建置某些色彩管理系統軟硬體設備，通常會省略列印步驟，直接在數位電子檔上修色。

如果這個階段不需要太嚴謹的色彩修正，那麼就用黑白雷射印表機，或低階彩色印表機輸出打樣張，其目的只為校對、確定圖文的位置，以作為以後高階掃描的依據，此步驟的打樣上之圖像都只顯示低解析度預視略圖，很少作為色彩修正的參考。

網屏嵌入打樣

欲以CMYK四色演色法來重現「特別色」(例如Pantone特別色系)，是一件吃力不討好的工作，其結果往往令人失望，這是因為CMYK四色印刷的色域較小，尚無法涵蓋Pantone特別色系的色域。如果你對設計工作的色彩要求非常嚴謹，希望能用四色印刷呈現某些較為特殊的色調，而且不惜代價的話，則建議執行網屏嵌入打樣。其作法是在打樣圖稿旁加上一些小方塊，並把圖稿上的主要顏色用演色法標示，完成打樣後再檢視其結果，看是否能達到預期效果；如果離要求太遠，至少在此階段尚未進入契約打樣或正式付印以前，還有修正的空間與時間。

如果不幸在上機印刷階段才發現色調不佳而企圖挽救，可能為時已經太晚。此時的任何四色色版修正都會牽一髮動全身，無法兩全其美。例如在印刷階段為了某一色區的修色，而增加洋紅的濃度，此時不僅該色區的洋紅濃度提高，其他含有洋紅色版的區域也會跟著改變，整個色調也跟著偏移。這種情行的補救方法應該可考慮增加「第五色」特別色印刷，其效果會更佳。

網屏嵌入打樣是在打樣圖稿旁加上一些小方塊，並把圖稿上的主要顏色用演色法標示，打樣的結果可作為尚未進入契約打樣或正式付印以前，各色版濃度的精確修正之依據。

在已上機付印的色版上再來作色彩修正，是勞師動衆、吃力不討好的工作，因為這會影響整個版面中其他影像造成另外的偏色問題。左圖是以標準的油墨濃度印製，右圖則是增加洋紅濃度，欲加重影像背景中紅色的飽滿度，但是卻引發其他色區的偏色現象。

四色色版影像與網屏嵌入色塊，可以組合在一張紙上印出打樣，作為初期色彩修正的依據，以避免設計過程進行至後端的高階打樣時，還需要重新修色的窘境與浪費。

如果CMYK四色印刷實在無法模擬多種特別色的要求，建議可使用六色印刷以增加的色域，讓色彩呈現更豐富，色調更細膩，更接近高標準之需求；此種印刷方式在本章後面會詳加說明。

組合打樣

「組合打樣」與網屏嵌入打樣的目的類似，其作法是把許多經過掃描，且尺寸已確定的四色原圖，組合在同一張紙上印出打樣。這種打樣方式的好處，就是可以把需要修正的影像全部聚集，取代全部圖文稿件一起印出打樣的方式，不但可節省不少打樣經費開銷，更可以達到控制色彩的目的。組合打樣也可仿嵌入打樣的作法，在樣張旁加上演色方塊，用來檢視各色版濃度，修正影像的偏色。

高階的組合打樣工作如果能在印刷過程的先期就做好，則可以減少後階段修正色彩的時間與成本浪費。這些經過掃描，且尺寸已確定的四色原圖，隨意組合在同一張紙上、印出打樣，節省紙張用量，最後作為修色參考。

印前打樣系統

這兩幅是使用相同的打樣系統，不同型號的打樣機，分別輸出相同的彩色圖稿的結果。大部分的印刷廠都會根據自己的印刷系統之特性，來調整其打樣系統，使它們能相互密合。

印前打樣的系統是現代印刷工業發展不可或缺的一環。一些知名的廠商如Kodak、Agfa、Fuji、Hewlett-Packard與Creo等分據了整個市場，各自發展其印前打樣系統；一般而言，這些品牌的高階打樣系統之品質都相當可靠，而且其定期維修的服務也作得不錯，所以一些輸出中心或印刷廠都樂於採用。每一種打樣系統都有其特殊的功能，因此只適用於某一特定的領域；沒有任何一種打樣系統是萬能，能夠滿足所有領域的需求。即使是兩家不同輸出中心使用相同品牌，相同型號的打樣機，去處理相同的圖稿，最後輸出的彩色打樣不論是色調或真確度，絕對是相去甚遠。這些差異產生的原由，大部分是因為軟體的設定、曝光值、藥劑新鮮度、硬體維修以及技術人員的操作等因素。

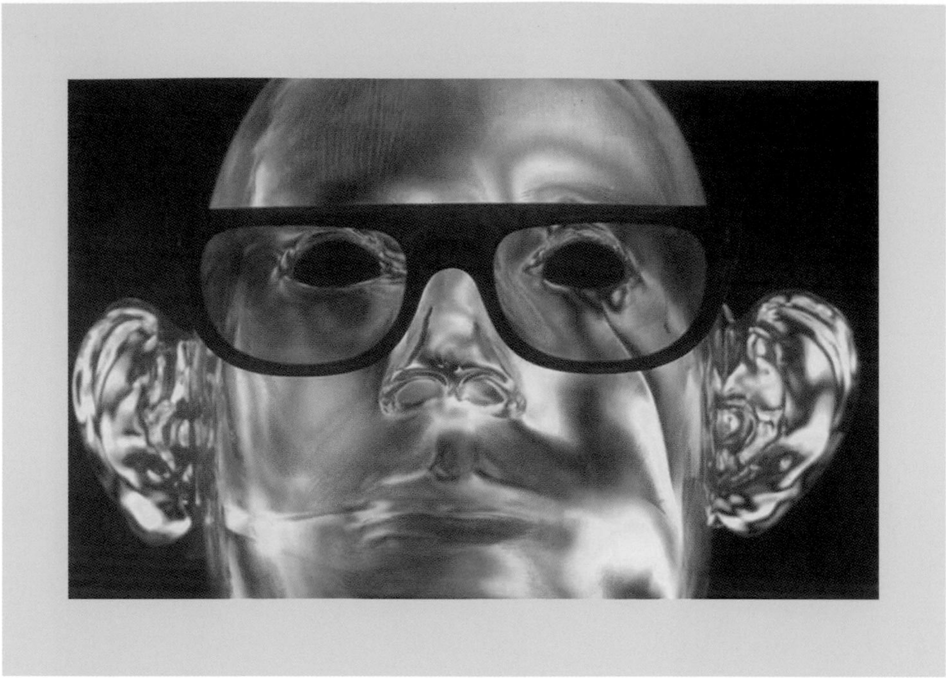

雖然某些工作案在正式上機時，須另增特別色油墨印製，可是大多數打樣系統還是以CMYK四色模擬特別色；為了讓印刷廠的技師知道你對該特別色的要求，應該在打樣張上明確標示與註明。

打樣的目的與期待

任何負責任的印刷廠，在把完成印前設計作業，進入上機付印後階段作業以前，都會要求客戶在打樣張上簽名為憑證，此無非就是一種對設計者的高標準要求。打樣目的就是在打樣系統最小的預覽誤差值內，確保印刷結果與設計創意盡量接近；所以在正式付印前，確實掌握設計創意、打樣與印刷三要素之間的最小誤差值，對設計者而言是非常重要的工作（見第四章有關如何與印刷廠合作之詳情）。打樣系統的品牌五花八門，每一種都有其不同的色域、亮度等條件，因此建議設計者應該長期與某一特定輸出中心或印刷廠合作，才能洞悉它們的特性，降低誤差。

特別色打樣

在特別色打樣的過程中有一個很重要的基本觀念要釐清，就是CMYK四色印刷中的特別色，都是一個獨立的色版，也就是所謂的第五色、第六色等，這類具備特別色的打樣有兩種方法，一是仍然以CMYK四色模擬特別色，另一就是增加特別色料來輸出打樣。不過無論用那一種方法，其實都不能百分之百呈現特別色的原樣；Chromalin打樣系統就有後者的功能，允許加入人工精確調混的特別色料，但是因為調製特別色的作業耗費時間，所以成本很高，不過要是客戶堅持使用此法，倒是一個理想的嘗試。要是考慮經費與時間，無法作到此境地，則不妨盡可能在打樣張上標明特別色的位置，並貼上特色樣張，另以口頭說明，讓客戶明瞭你的設計原意避免產生誤解。為了確保印製結果與設計原意相吻合，事前各個階段的說明與溝通是非常必要，如果可能應先行輸出各色版（包括特別色）的雷射分色打樣張，並加以檢視。

打樣須知

切記，如果你無法親自提供雷射分色打樣張作為參考，印刷廠大概也不敢擅自為你分色。雷射分色打樣是設計者與印刷廠溝通的重要工具，也是避免印刷階段惱人的修改困擾，與增加成本的保證。有些印刷廠甚至不接受沒附加雷射分色打樣的工作，萬一在在印製過程中發生問題且必須修改的話，他們也會要求額外的收費。

分色打樣

當送交完稿數位檔給印刷廠時，應同時附加雷色分色打樣，讓印刷技師知道每一個色版的要求條件，並表示設計者已經充分檢查每一色版，此完稿正確無誤。下列圖例分別顯示彩色圖像中的青色版、洋紅色版、黃色版、黑色版與特別色版。

OPEN MONDAY-SATURDAY
STARTING JUNE 31!

檢查打樣是任何印刷設計案最關鍵的一環。此海報上一點點文字上的閃失（6月31日？），令此廣告毫無價值，一切努力盡是白費。乍看修正此錯誤似很容易，但是全案必須重新來，印製新海報、活動延期、會場更動，加上另一筆開銷費用，損失慘重！

檢查打樣

最簡單、最重要、最後端的工作，常常最容易被疏忽因而引發錯誤，「檢查打樣」就是這種實例；在你把已簽名的打樣，連同完稿數位檔交給印刷廠前，應該再仔細作好最後檢查工作確定無誤，設計者才算盡到大部分的責任。一旦簽字為憑，即表示印前完稿無誤，日後一切與設計有關的錯誤，印刷廠無須承擔。所以在印製進行的過程中，當你大呼：「喔喔！我漏掉這個地方了！」，此錯誤只能算在你自己的頭上了。不僅如此，如果委託的客戶是長期合作夥伴，他們對你的專業十分信賴，當初並未深入參與最後的打樣檢查，如此的錯誤會引起客戶的不信任，也必定會危及你的事業名譽。當然，如果是細微的失誤，補救措施還是可行；可是諸如改變顏色、更改文案、變更圖文位置、更換圖像等重大修正，一定會使製作成本提高許多，若委託客戶不買帳，這些額外的補償費用就要設計者自行吸收了！在商言商，設計者、客戶與印刷廠間的關係應建立在契約文件上，各自承擔應負的責任。

色溫5000度K光源的標準燈桌，在印製過程中隨時提供穩定且正確的檢查彩色打樣之絕佳環境。這種設備是現代印刷工業流程不可或缺之硬體裝置。
(美國海德堡公司／圖)

照明與打樣檢視

在檢視打樣與比對色彩之過程中，正確的照明環境是絕對需要的。目前以具備5000度K光源的標準色溫燈箱、燈桌或燈櫃為上述環境的必備設備；這類光源不會令打樣張產生偏色誤差。在一般日光燈或鎢絲燈光源下檢查打樣，一定會產生偏色現象；前者會有偏藍色調之傾向，而後者偏向紅黃色調，此類色調誤差會影響打樣檢視之結果。

照明與印刷現場

現代印刷廠大都備有色溫5000度K光源的標準燈桌，供檢查彩色打樣，避免現場其他非標準色溫光源干擾產生色調偏差，影響判讀而不自覺。當然色彩在每一種媒材間轉換，絕對不可能完全忠於原樣，多少會流失些真實性；標準燈桌最重要的目的就是盡可能降低其間的差異，幫助人們作最佳決擇。

圖例中的上幅是照片原圖，下幅是彩色打樣圖在日光燈照明下所呈現的偏色現象。色彩偏移原因很多，主要有照明光源差異、打樣系統不同、色料不一樣、印材非同一種等因素。

打樣中的偏色現象

在非色溫5000度K標準光源的環境下，比較照片原圖與彩色打樣圖，就可以發覺很明顯的偏色現象。如果兩者的照明光源差異已經非常清楚，那麼再加上其他因素的變化，譬如不同的打樣系統，不一樣的色料，非同一種印材等，則無異雪上加霜、使偏色現象更激烈；其實不同品牌的沖印系統所生產的照片原圖，其色調也不可能一樣。因此調整偏色現象就必須有一基準環境，否則在日光燈或鎢絲燈光下，也可以修正兩者的色彩偏移使其一致；不過印製後的圖像之色調在標準色溫照明下審視必定完全走調。在印刷工業領域裡，一概採用色溫5000度K光源為標準環境，把原圖、打樣與印刷成品三者展現在相同照明下相互比對，才能達到修正偏色的最終目的。

此圖例中之兩幅同時置放在色溫5000度K標準光源照明下，下幅是經過仔細色彩修正後的彩色打樣圖，比較兩者即可看出絲毫沒有色調差異。標準光源極度地減少影響兩者色調的因素，讓它們在同一基準條件上作精確的偏色修正。

Come Sail Away
The Oregon Coast is a place like no other. Whether engulfed in fog or blazing sun, the people and places are as unforgettable as the last sunset.
Fishermen claim that Mother Nature owns the land, but their mistress is the sea. That is, perhaps, never more evident than on the Oregon Coast, a glorious stretch of land carved by everchanging time and tide.
O

小版打樣中呈現所有設計之構成圖文要素，但是頁內四色印刷圖像部分，只印出單色低解析度預視圖標示位置，並表示該略圖在印刷過程中，會以高解析度的全彩圖取代。所以在打樣張上之略圖所作的標示符號、註解說明要清楚，避免事後付印時忘記換回高階全彩原圖。

小版打樣

小版打樣是印製品內各單頁的打樣，各單頁樣張中呈現所有設計之構成圖文要素，但是頁內四色印刷圖像部分，只印出單色低解析度預視圖標示位置，並表示該略圖在印刷過程中，會以高解析度的全彩圖取代。小版打樣通常是設計者與客戶之間，針對印製品來討論與溝通的媒介。單頁打樣雖以頁碼次序排列，但是也可獨自分離方便逐頁檢視。

大版打樣

把印製品內各單頁面按落版位置與印刷尺寸，拼成一張張大版後所輸出的打樣張，也可將這些已完成的打樣張，依據印刷品完成尺寸摺壓、裁切、裝訂成冊。此時所有的設計之構成要素，如圖、文與色彩等都已完全呈現，已經接近一本印刷完成品了。

藍線打樣上的較亮的特別色，很容易與「過網處理」後的其它較暗特別色相近，不容易分辨，所以在打樣張上應該清楚標明。有些印刷廠會自動為客戶加註這些標示，但是有些印刷廠則不提供這類服務，身為設計者的你就應該格外小心處理了。

Fishermen claim that Mother Nature owns the land, but their mistress is the sea. That is, perhaps, never more evident than on the Oregon Coast, a glorious stretch of land carved by everchanging time and tide.

On sunny days, its craggy outcrops and sandy shores are kissed by succulent waves. When consumed by fog, the land is reminiscent of coastal Maine, the vague sillouettes of boats fading into the mist like ghostly pirate vessels hunting the high seas.

The quaint coastal villages of the Oregon coast are born of the sea and the local color, both of which are in abundance. The everpresent crash of waves against is in sharp contrast to the sounds of technology so evident in big cities. In towns ranging from Coos Bay to Astoria, the folks one meets are neither opportunists or escapists. They are coastal and they spawn from all walks of life, joining together to celebrate their love for the ocean and all that it represents.

Fisherman spin their yarns faster than a Sunday coffee klatch. Some fish for profit, some for sport, but all will tell that their love for the sea is rooted in respect for the everchanging watery landscape and all that it provides.

藍線打樣

藍線打樣（或稱藍圖打樣）可視為大版打樣的一種，尤其是簡易的單色或雙色套色印刷時，常被當成最終階段的打樣。顧名思義，藍線打樣完全以藍色調子來呈現印紋，其作法是在真空曬版覆片機上，將網屏陰片與打樣紙疊合，再經曝光手續處理；所以藍色調的深淺與曝光時間之長短有直接關係；減少曝光時間可以在打樣張上顯現特別色部分，此刻要特別注意，在雙色套色印刷打樣中，較淡的藍色代表較亮的特別色，可是看起來與「過網處理」後的其它較暗特別色相近，不容易分辨。假使此打樣是印前最後的打樣階段，建議最好在打樣張上清楚標明特別色。另外，藍線打樣在陽光直射下很快就退色，因此運送過程中要盡量避免日照。

數位大版打樣

數位大版打樣源自現代的無版印刷科技，其色彩或忠實度的品質都表現不錯，目前雖然無法取代傳統打樣，但是具有無窮的潛力。它以四色連續色調的方式表現印版上所有的圖文要素，數位資料從印前作業系統直接傳到打樣機，並輸出兩面都有圖文的打樣張，甚至特別色的呈色也非常精確。

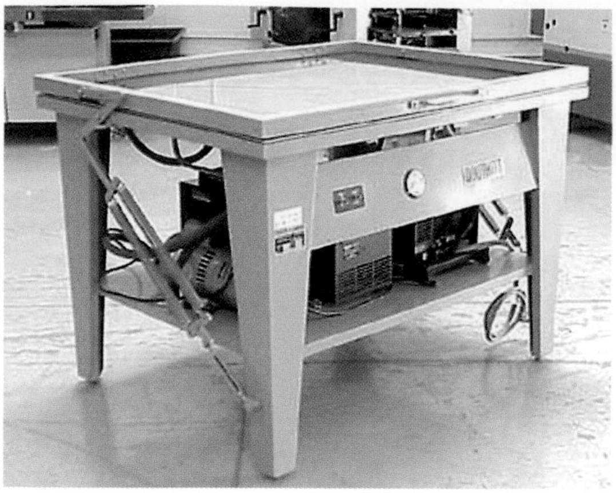

圖示為傳統打樣常用的覆片機，是利用真空吸力把軟片與打樣底材密合，再使其曝光。雖然現今數位打樣技術已逐漸取代傳統打樣，但是印刷業界還是很懷念傳統打樣所維持的色彩忠實度和，雖然其速度、精確度無法與數位打樣系統比擬。

契約打樣

如字義所示，「契約打樣」一詞表示設計者與客戶互相認同，在對打樣系統與印製成品容許的不確定誤差範圍內，一致同意將此印刷案付印，雙方並在打樣張上簽名確認。契約打樣大約可區分為兩類：傳統打樣與數位打樣。

傳統打樣

雖然傳統打樣技術的重要性已慢慢被數位打樣取代，但是它仍然廣受印刷業界歡迎。傳統打樣是利用具真空吸力的覆片機，把軟片與打樣底材密合再使其曝光，一次處理一色，其所呈現的是與印版相同的半色調網點結構。傳統打樣一直被認為是所有打樣系統中，色彩忠實度最高者；當然數位打樣系統之速度、精確度還是無其他打樣系統可匹敵。

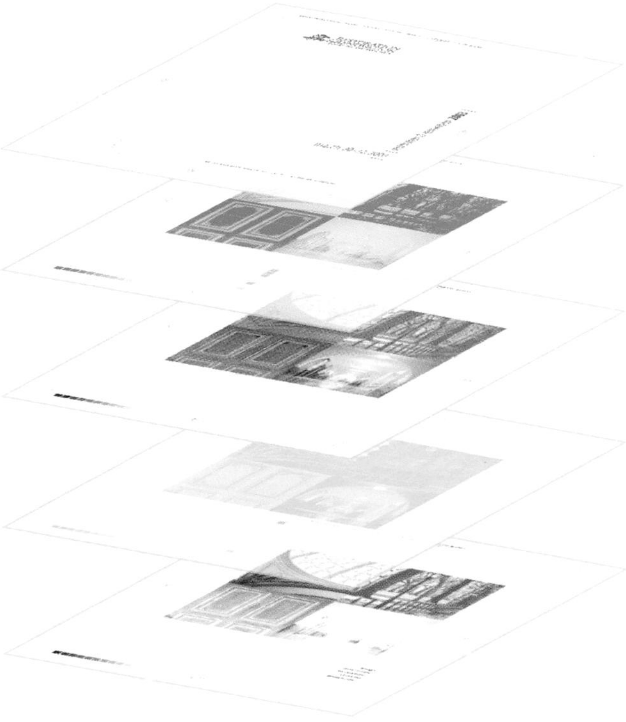

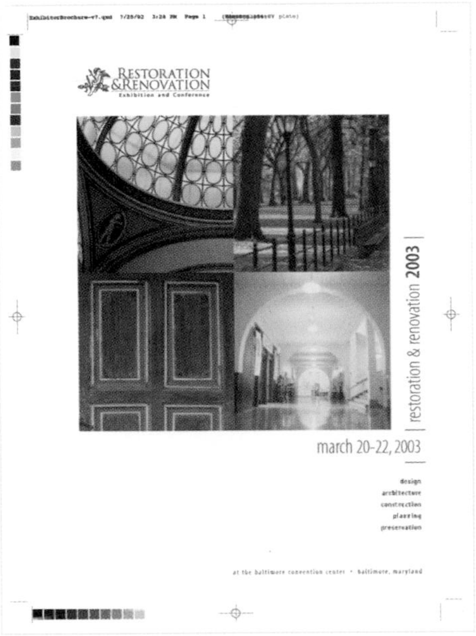

透明膠片打樣

所謂透明膠片打樣是將原圖稿的CMYK四色，分別印在四張透明膠片上，每一張獨立的膠片承接一種色料，把此四張透明膠片依印版次序，再按對版線精確上下疊合一起後，置於原既定的印紙前，即能顯現印製完成後的整體效果。傳統透明膠片打樣已經盛行數十年，最有名的是3M公司出產的Color Key品牌，採用濕式顯影的化學處理方法，在打樣一詞初創時，它就幾乎代表整個打樣技術的意義。

在把此各承接一種色料的四片透明膠片上下疊合一起時，由於上下兩片間會殘留微量的空氣，加上透明膠片本身並非絕對純質，致使畫面產生朦朧的霧翳；又因光線在殘留空氣層內漫射，易使高亮度區域產生擴散柔和現象。

透明膠片打樣是所有打樣種類中最便宜的，其另外一個好處是機動性很高，可隨時插入特別調混的顏色之膠片檢視效果，如果不滿意也可隨時抽換而不影響其它層。雖然目前數位打樣技術已逐漸興盛，但仍有許多印製廠堅持使用此傳統透明膠片打樣技術，在未來數年間它應該仍然是佔有相當的市場。

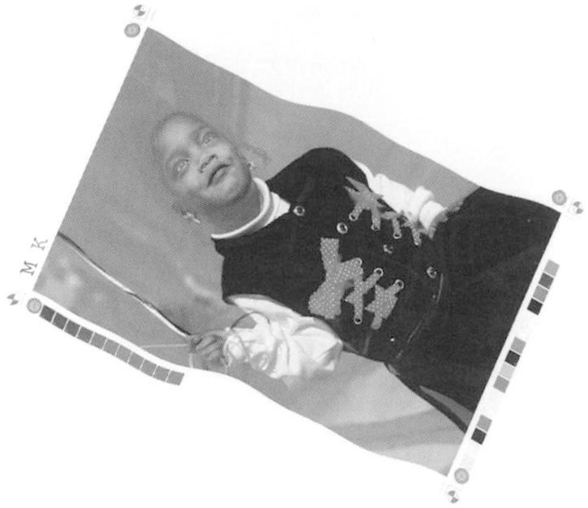

透明膠片打樣是四張各有一種色料的獨立透明膠片，依印版次序上下精確疊合一起後置於原既定的印紙前，即能顯現印製完成後的整體效果。圖例中的印版次序分別是：黑版、洋紅版、青版、黃版。大圖為最終結果。

如果各色的透明膠片打樣不按依印版次序疊合，最後的結果會產生些微的偏色。雖然印刷廠或打樣廠會作最後的疊合次序檢查，但是此類錯誤還是時常發生。如圖例所示，此印版次序與前一頁的不一樣，所以大圖的最終結果有偏黃色的現象產生。

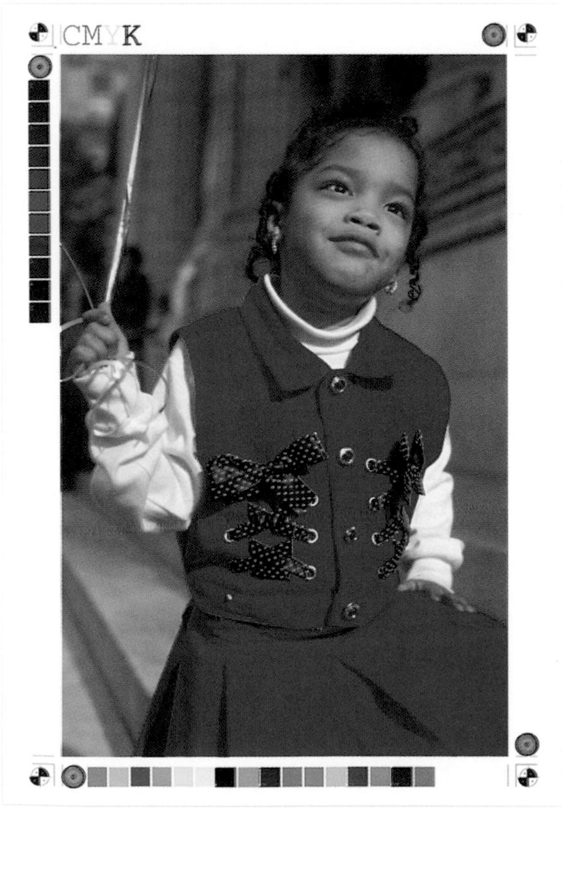

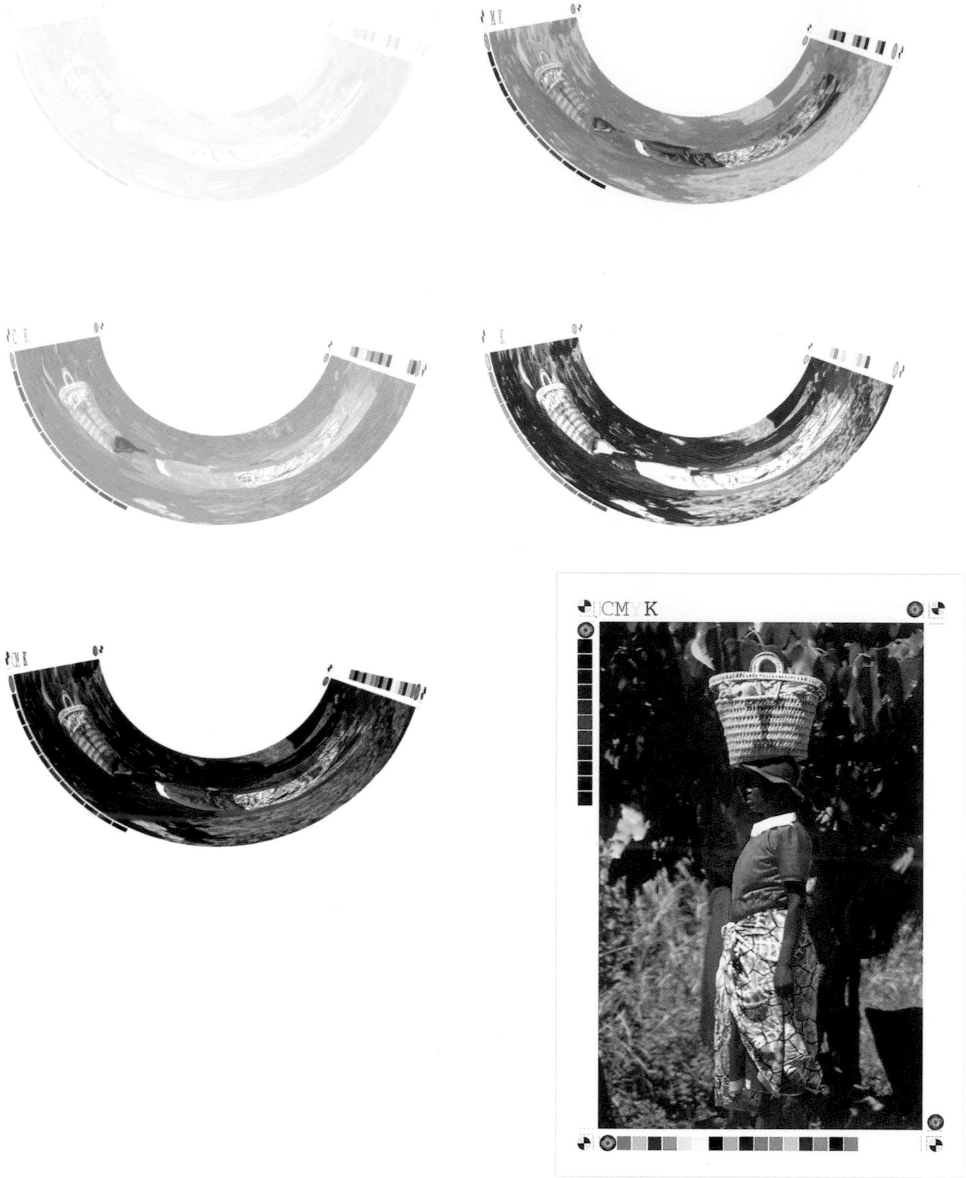

薄膜打樣在轉印時必須依據對版線等規線，將四色緊密套妥以確保色彩正確無偏移。圖中所示是依據該打樣系統的規定，按黃版、洋紅版、青版、黑版之次序轉印，最右下幅為最後打樣成品。

薄膜打樣

傳統的薄膜打樣已經逐漸取代透明膠片打樣，此打樣系統在剛推出的時候是採用濕式的化學顯影方法，但是現在則捨棄濕式法改用乾式打樣法，不再需要顯影劑等化學藥品。其基本原理仍然是分別在單一打樣底材上，承接四色中的其中一色，這類打樣系統中有些甚至支援實際印刷時的紙張，可將四色轉印到紙張上。四色轉印到打樣底材上的次序有一定的順序，通常是黃版、洋紅版、青版、黑版；當然主要還是由該廠牌的原始設計所決定。轉印時必須依據對版線將四色緊密套妥，以確保色彩正確無偏移，不過錯誤還是很容易發生，轉印時色版的次序若不對，會有明顯的色彩偏移現象產生。

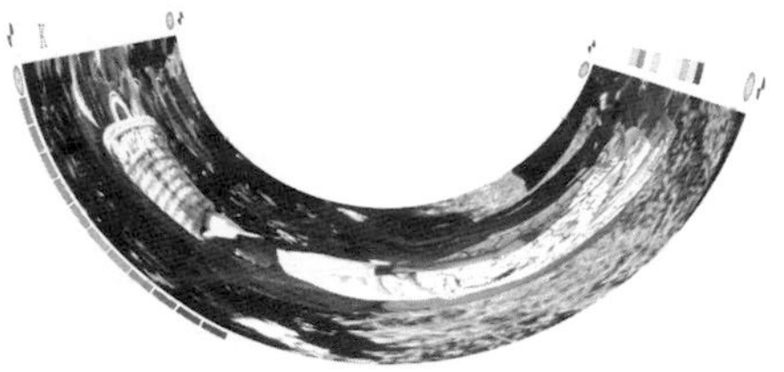

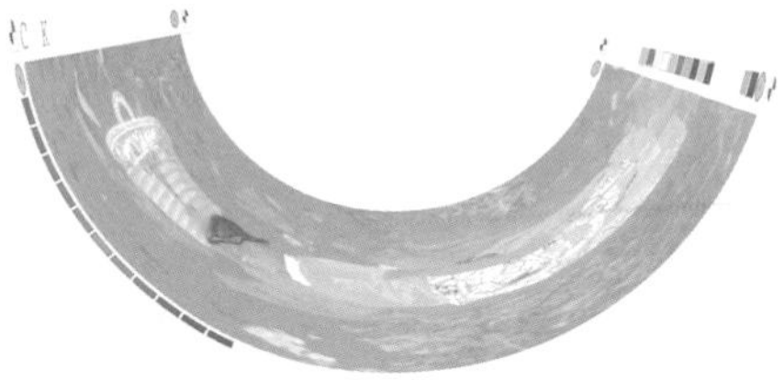

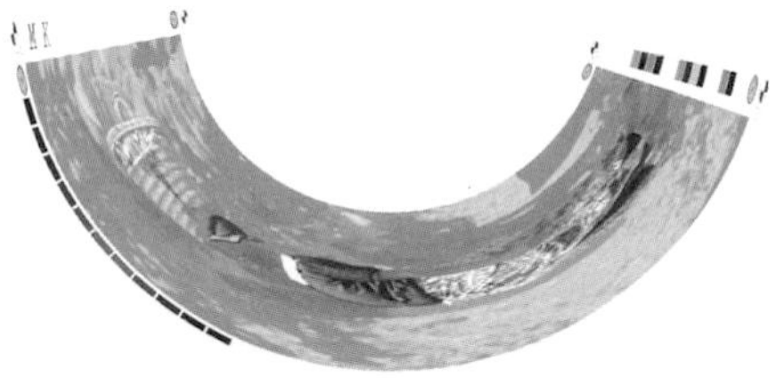

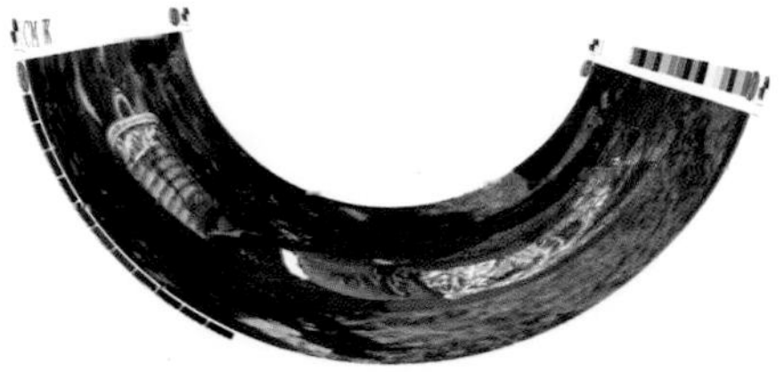

薄膜打樣處理過程中偶爾會有色膜疊合次序失誤的情形發生，以致產生些許的色彩偏移，影響整體的色彩平衡。由於四種色膜是經轉印機緊密壓合，所以單從整個畫面上不易比較出其偏色，不過從旁邊的色彩控制導片上，可以較容易察覺此偏色。

傳統打樣常見的失誤

完美的打樣成果決定於製作過程的兩個環節，一是四色膠片或薄膜的精確疊合，另一是保持各個階段乾淨無污染。在傳統打樣系統中，打樣與製版的工作通常是由相同的工廠或技師操作，不論是轉印過程中上膜次序，或是四色膠片的疊合次序，如果工作精密度不夠，常使打樣結果走樣失色。傳統打樣另一種常見的失誤，就是色膜或是膠片表層刮損與污染；當這些膜片疊合一起後，這些錯失會產生顯而易見的白斑與污點。任何打樣系統的感光材料之色膜面都非常細膩脆弱，在製作或檢視過程中，任何大意都容易使材料折損，所以應小心操作。

薄膜打樣過程中，偶爾會因為曝光時色膜對位不精確，產生稍微的位移錯誤，這類失誤通常在送交客戶校樣前，都會及早發現並予更正，不過百密一疏的情形還是會發生，所以應仔細檢查，例如色面交接處比較容易看出位移現象。如果位移確實發生，一定須要求重作。從右幅圖例中就很容易判定青色版確實有稍微的位移錯誤。

打樣底材上色料部分在顯影過程中偶爾會受損剝落，最後在疊合各色版時產生斑孔與裂痕。圖例中的洋紅色料已經受損，但是此損傷在打樣片疊合之前，很難預先發現，當然只要重新製作一張洋紅色膜，它並不會影響整個打樣結果，如右幅所示其缺陷已完全補修。

打樣底材的色料感光膜面很脆弱，因此在顯影與操作過程中，很容易刮傷受損。圖例中的青色版左邊可見一處明顯的意外刮痕，此會影響打樣的最後成品。最佳的補救方法就是重新製作另一青色版取代之，從最後一幅打樣完成品中已看不到刮痕瑕疵。

有時候打樣的瑕疵並非完全來自打樣材料之損傷，而是源於某一色版之網陽軟片已經被刮傷。由於光線很容易透過此傷痕，因此會在打樣底材上形成明顯的痕跡。圖例中的青色版網陽軟片上已經有刮痕，補救之道唯有重新製作一青色版網陽軟片取代之，如此才能確保完美的打樣品質。

傳統打樣最常遇見的問題就是空氣中灰塵微粒的污染，這些微粒存在於網陽軟片與色膜之間，它們會直接影響兩層之間的接合，產生細小的環狀的斑紋，此現象謂之光暈，當光線照射到灰塵微粒時光暈現象會更明顯，並且影響影像的清晰度。幸好這種缺失很容易避免，只要有經驗的打樣技師在進行工作前，仔細檢查各色版的網陽軟片，並輕刷以去灰塵，就可以減少許多日後的困擾。

數位打樣

數位無網片印刷技術正以排山倒海之勢改變整個業界生產方式。就如同昔日由電腦直接產生網片的技術直接減少緩慢耗時的製版照相過程一樣，數位無網片印刷技術直接產生印版，減少大量的網片需求；但是此技術剛推出時，許多技師還是無法完全認同此數位技術，因為它缺少了令人滿意的打樣系統與之配合；因為此數位製版技術一次只處理一個顏色，也就是說該製版系統的軟硬體設計，完全是針對如何一次只解譯並控制某一色彩的數位資訊與精確度；但是相對之下，四色數位打樣所要表現的，是四色同時相處的結果，其技術的困難度就四倍於數位無網片製版技術了。數位打樣系統所用的顏料與底材種類很多，每種廠牌有其特殊的耗材規定，經過多次的改良，目前數位打樣無論是色彩的忠實度或精確度，都已經達到非常理想的境界，發展前途無可限量。

當網片與打樣色膜送入真空覆片機時，若有微粒存在於兩者之間，它們會直接影響兩層之間的接合，結果在打樣張上產生細小的環狀的斑紋，如左幅圖例所示，此現象謂之光暈，嚴重影響打樣美觀。此缺陷應該很容易避免，只要在工作進行前，仔細檢查各色版的網陽軟片，並輕刷以去灰塵，就可以減少許多日後的困擾。

早期的數位打樣呈色效果並非理想，一般都只作為內容圖文的校正稿，很少作為正式的色彩修正依據。現今的數位打樣技術已大幅度改良，可以達到如傳統打樣的精準呈色境地，並已趨近印刷成品水準。圖中是兩種打樣系統的實例，兩者的色彩品質已經不分軒輊，數位打樣的發展潛能無可限量。

打樣與印刷的色域比較

傳統打樣的色域最大約可以達到6000色，大概是四色平版印刷色域的的一倍半。這是因為大部分傳統打樣的方式，是將色料或染料直接塗佈在透明基材上，在光線照射下，充分地反射CMYK四色的亮麗光澤，比四色平版印刷在紙材上顯色的能力豐富許多。目前數位打樣的色域最大約可以達到4000色，與高階的四色平版印刷色域相近。

第二章 摘要

儘管打樣系統種類非常繁多，但是打樣的目的卻很明確簡單，即是在印前製作可靠的色樣，讓色彩修正有參考之標準，以期待印刷成品能臻於完美。所以發展一套屬於自己的色彩資料庫，並據此來修正彩色打樣，是建立色彩掌控信心的最佳方法。在設計工作中盡可能熟悉所有打樣系統，與客戶分享你的專業知識與資訊，不但無損你的專業資產，相反地能促進與客戶間長遠的合作關係，是百利無一害。

印刷的色彩：所印即所見

印刷三原色料是「青cyan」、「洋紅magenta」、「黃yellow」，由於印刷三色墨都含有些許雜質，其純度無法達到理想的100%，在分色及疊印過程產生偏色，因此再加上「黑black」來平衡偏色現象，因此形成所謂CMYK全彩印刷。從左至右為：100C、100M、100 Y、100 K。

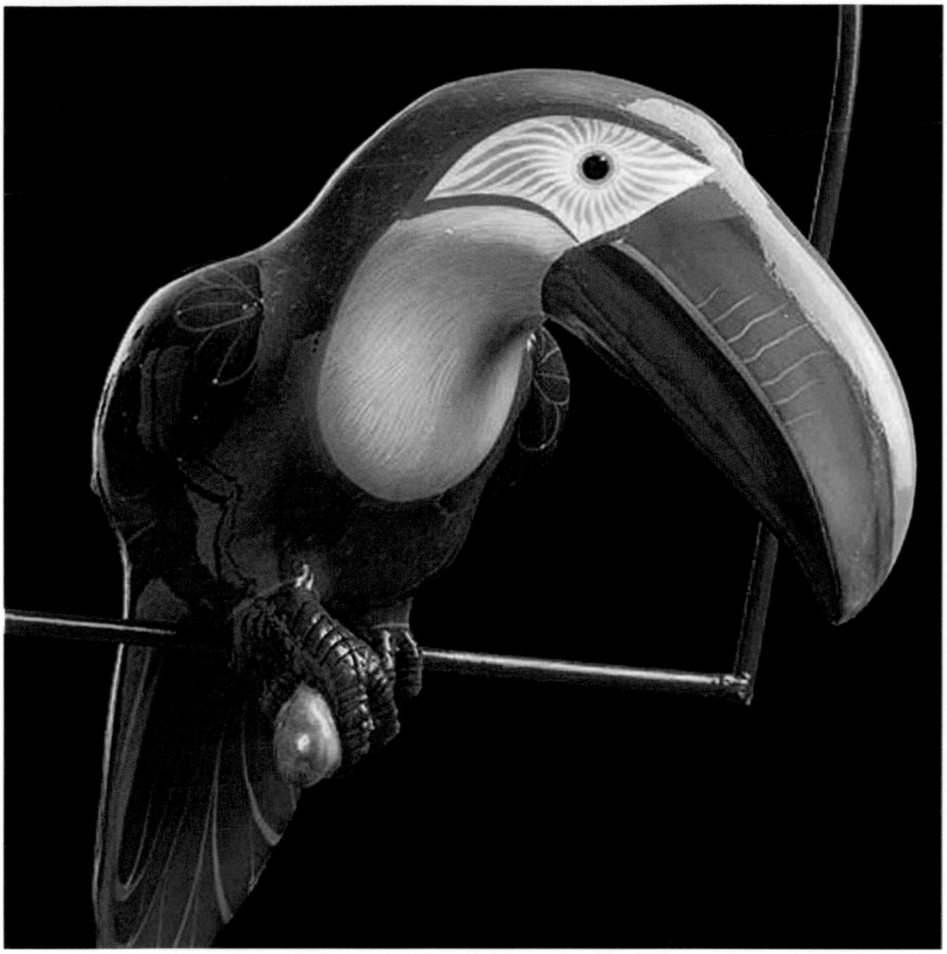

這隻巨嘴鳥呈現在彩色螢幕上，必定是五彩繽紛亮麗耀眼，但若是印製在印刷品上，或在網頁上瀏覽，則又會如何？彩色螢幕上的RGB三原色光，與印刷所用的CMYK（三原色料加黑），是兩個迥異的色彩系統。

可是在我的螢幕上看起來不是這樣

印刷科技所追求的終極目標之一，就是精準的色彩重現，理論上而言這個目標其實很容易達到，因為只要利用適當的工具，人的視覺是相當容易被欺騙說服的。不過當我們欣賞這些精美印刷品時，似乎視其為理所當然，似乎也忘了這件影響人類文明最偉大發明的艱辛發展歷史。雖然彩色印刷術經過漫長歲月的演進，但是在光彩絢麗的表面永遠隱藏著一個不可捉摸的神秘境地，令人類既愛又怕，讓設計者槌胸頓足，那就是彩色世界的不確定性。

首先必須注意，電腦螢幕與電視螢幕上的色彩，與印刷品上的色彩是兩回事！傳統的CRT陰極射線管螢幕是利用映像管末端的高壓線圈來產生高壓，以驅動電子槍將電子放射到映像管表面的磷化物上，以產生紅、綠、藍三原色光（RGB）來形成彩色影像。分別以100%三原色光相混合可得白光，反之，三原色光全無則是黑暗一片；若以不同百分比的RGB色光相混，則幾乎可組成自然界所有的顏色，這就是彩色螢幕的成像原理。

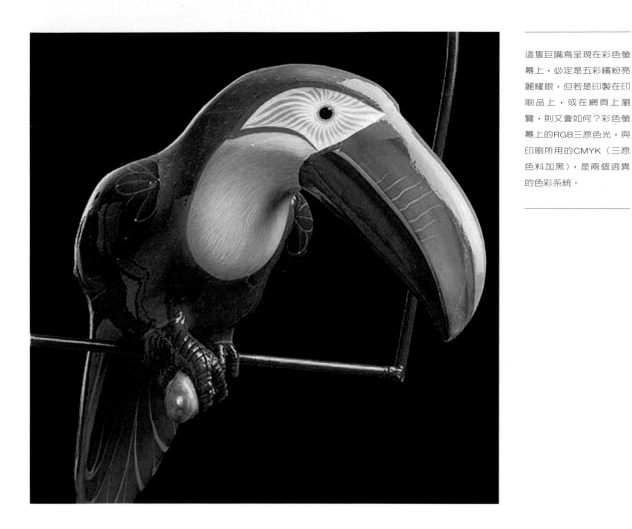

自然界中紅、綠、藍三原色光（RGB）交互作用，以不同百分比相混幾乎可組成所有的顏色。為了方便說明圖中所示三原色光是以100%樣式呈現，兩兩交集處形成另一顏色，以100%三原色光相混合可得白光。

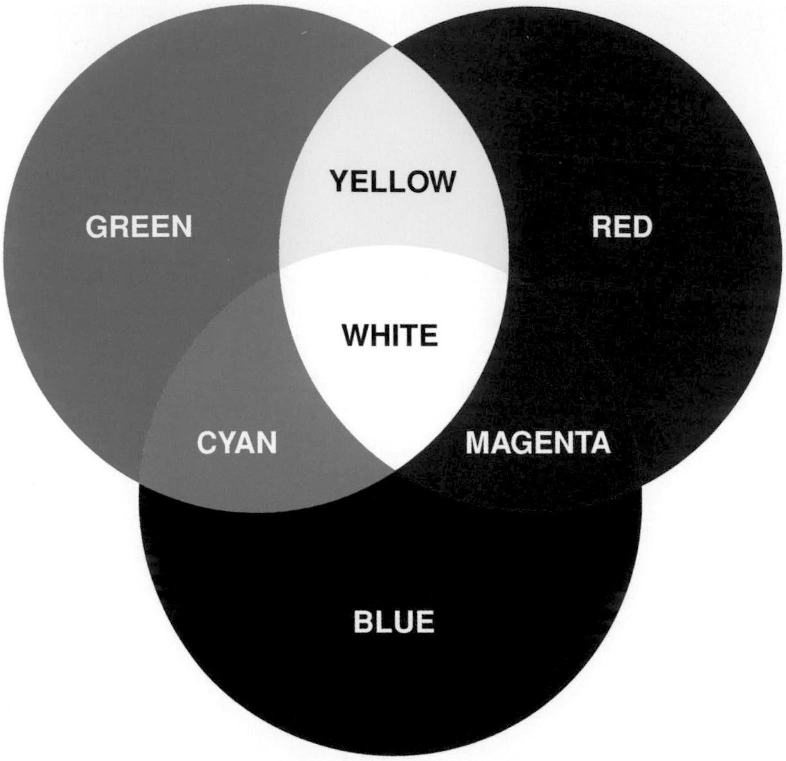

雖然此圖例是以CMYK四色模擬印製螢幕的RGB色彩，但是基本上兩者是不同的色彩系統。在色彩學裡CMY色彩系統的運作方式稱為減色法，而RGB色彩系統稱為加色法；並且CMY是RGB的第二次色，反之亦然。在印刷技術裡為了提高印刷品質，所以另加一黑色（K）。

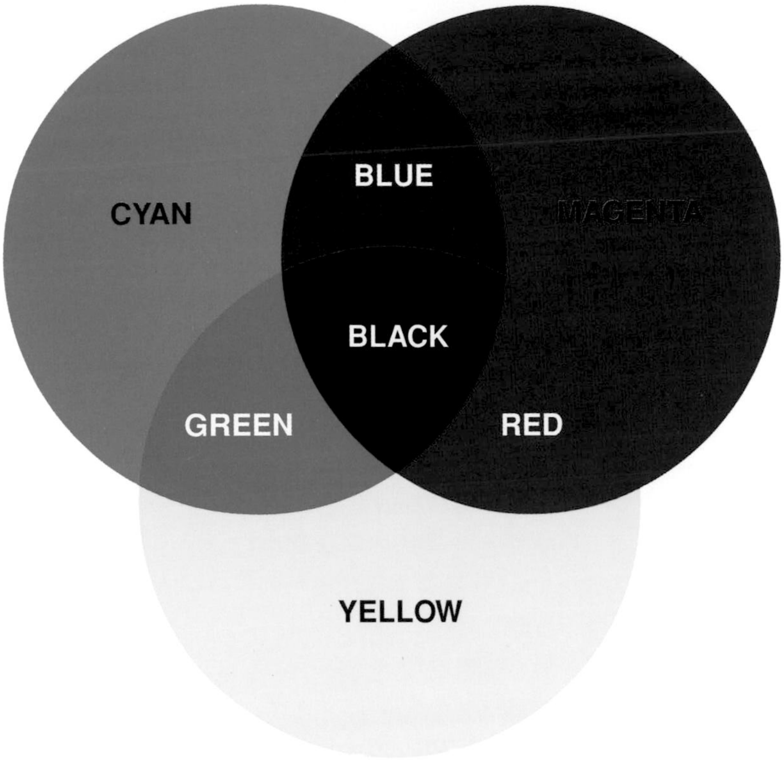

圖示為減色法色彩模式，CMY稱為三原色料，在此以100%濃度呈現。任何兩原色料相加產生第三個顏色，分別為：藍B、綠G、紅R，都是CMY的第二次色；理論上言，三原色料各以100%濃度相混可得黑（K），但在印刷術中黑色另成一色版。

RGB的第二次色——我們鍾愛的CMY（K）

加色法色彩

以三原色光RGB為基礎所產生的其他顏色，例如螢幕上的各種顏色，謂之加色法，所得的色彩稱為加色法色彩。任何兩原色光相加產生第三個顏色，如左頁圖所示，它們分別為：青C、洋紅M、黃Y，都是RGB的第二次色；例如，綠G與藍B相加產生青C，紅R與藍B相加產生洋紅M，綠G與紅R相加產生黃Y，三原色光以100%等量相加其結果為白光；以不同百分比濃度的三原色光相加，幾乎可組成自然世界中所有的顏色，螢幕的呈色也是同樣的道理。

RGB加色法系統的色域與我們的視覺較為接近，它可以充分再現自然的五光十色的繽紛世界，儘管如此，RGB加色法系統只能用於以色光顯色的媒體，如螢幕、投影機等，對以CMYK色料來再現顏色的印刷媒介毫無用武之地。印刷媒介是以CMY（K）減色法來再現色彩，所以應該記清楚，不論任何在電腦螢幕上的設計稿是否已轉換成CMYK色彩模式，其實你仍然是在RGB色光環境作業，充其量轉換只是一種虛擬的運算法；這些就是色彩無法一致的噩夢之起源。

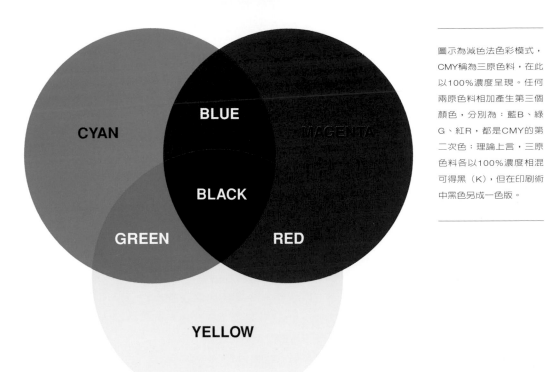

CMYK — 彩色印刷的基礎

在以色料為印墨的彩色印刷術裡，CMY是最基本的原色；前一頁的圖例說明彩色印刷的原理，洋紅（M）與黃（Y）相混合產生紅（R），黃（Y）與青（C）相混合產生綠（G），青（C）與洋紅（M）相混合產生藍（B），理論上言三原色料CMY各以100%濃度相混應該可得黑（K），但是由於印刷的三色墨都含有些許雜質，其純度無法達到理想的100%，在分色及疊印過程容易偏色，因此在上述的過程中再加上黑版（K）來平衡偏色現象，因此形成現在所謂CMYK全彩印刷。彩色印刷在我們日常生活中扮演非常重要的角色，看似理所當的科技享受，其實是由許多偉大的創造力與一個多世紀的努力才擁有的成果。

一般印刷用的黑色油墨廠牌衆多，每一種黑色油墨都有其特殊的色料處方，以適用於各種印刷方式；為了不致影響其他三顏色的色調，四色印刷所用的黑色油墨其性質都是中性，有些專為黑白印刷用的黑色油墨，其濃度都較稠並摻些微藍色料，來提高黑色的強烈度讓印紋更明顯。

構成圖例中上幅的彩色獅子魚之圖像，是以黑版為主，也就是說黑色的分量佔很多；下幅是原圖稿的黑版分色網陽片，從其中可以看出此黑版的結構。四色印刷所用的黑色油墨其性質都是中性，為的是不致影響其他三顏色CMY的色調。

四色印刷所用的黑色油墨其性質都是中性，如圖中左幅所示。某些專為黑白印刷用的黑色油墨，其濃度都較稠並摻些微藍色料，來提高黑色的強烈度讓印紋更明顯，如圖中右幅所示。試仔細比較其差異。

減色法色彩

印刷品是以減色法原理來顯現色彩，相對地，加色法原理的RGB構成了以色光投射為媒介的彩色世界，如螢幕。四色印刷中的CMYK四種顏色，分別吸收光線中的某一部分色光，再反射其餘的色光，這些不一樣的反射光最後在我們的視網膜上混合，形成視覺能感應的各種顏色；所以環境的照明光線，是追求色彩精確度非常重要之因素。瞭解照明光線，是正確選色與掌握優質彩色印刷的必要條件。在第五章中我們將更詳細討論光線與印刷間的相互影響。

圖示為現代的多色平版印刷機，多功能的機械設計讓操作更為方便，運轉更迅速。其基本構造為供紙單元、印刷單元、收紙單元。印刷單元包括：供墨系統、潤濕系統與印製系統。（美國海德堡公司／圖）

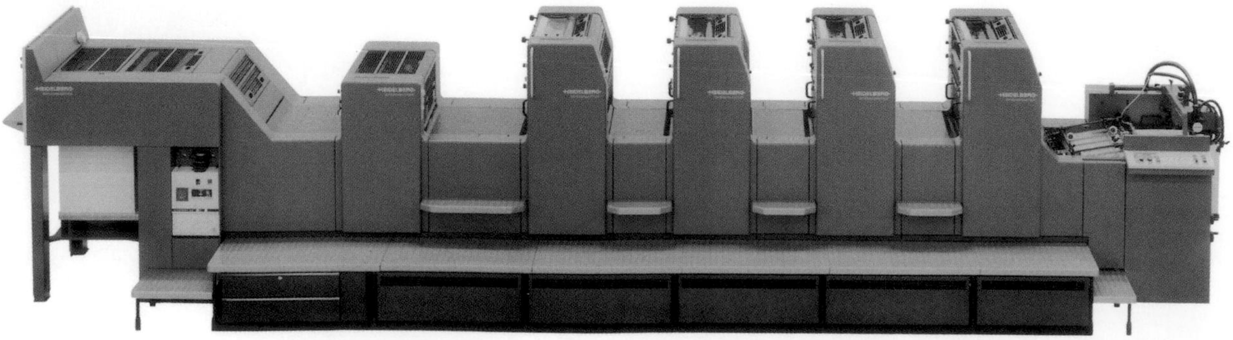

彩色印刷一貫作業

現今的四色全彩印刷機運作時，須先依工作性質考慮印刷單位的次序，一般標準為：黑版第一，青版第二，洋紅版第三，黃版第四。此台六色機的第五、六印刷單位，可作為特別色或上光等其他處理。（美國海德堡公司／圖）

身為設計人有必要全盤瞭解彩色印刷的基本原理，此有助於我們培養正確運用色彩，修正偏色，避免無知錯誤的能力；多熟悉一些印刷技術之理論與實務，多一分前瞻能力，讓你在同業間佔有優勢的競爭實力。

四色全彩印刷的青、洋紅、黃與黑四種油墨，經由印刷機的快速運作，分別在同一印材上（例如紙）塗佈一層非常薄的油墨薄膜，每一種油墨塗佈在印材上的先後次序都不盡相同，印刷技術師會視該工作的特性，與成本經濟的考量來調整之。現代印刷機運作的速度非常快，絲毫的誤差會造成無法弭補的損失，所以事前的工作規劃和精確的設備調整，期使機械能發揮最完美的效能，是開機運作前最重要的準備作業。一般標準印刷單位的次序為：黑版第一，青版第二，洋紅版第三，黃版第四。如果一個工作案中黑版佔非常大的分量，此時就要考慮更動黑版的印刷單位次序，由第一改為第四印刷單位，這種更動有其專業學理的考量，為了是追求更高的印刷品質。

無論使用單張餵紙式還是捲筒餵紙式印刷機，目前精緻高階的四色彩色印刷術的代表，非平版印刷莫屬，這也是現今最普遍的印刷方法；深入瞭解其運作原理對你的設計工作受用無盡。以下將以商用多色平版印刷術為例，詳細探討其浩瀚的知識海。

平版印刷屬於間接印刷，也就是印紋上的油墨不直接印在印紙上，而是先轉印到另一橡皮滾筒上，再將之轉印到印紙上。平版印刷的印版其印紋與非印紋是在同一平面上，它是利用油與水不相容的原理來印刷，在製版過程中底片經曝光晒版、顯影、腐蝕、護膜等步驟，使印紋成為親油性的油膜，而非印紋部分則成為親水性的膠膜，印刷時先在印版上滾一層水性膠液，由於印紋是親油性所以不受水性膠液的影響，然後油墨滾筒再滾過印版，僅使印紋印紋附著上油墨，非印紋部分則無沾油墨，為了避免印紙吸水伸縮變形，所以先將此印紋先轉印至另一橡皮滾筒上後，再經壓力滾筒均勻輾壓，即可把橡皮滾筒上印紋的油墨轉印到印紙上；這就是平版印刷的基本原理。

在標準印刷單位次序中黑色為第一優先，因為在四色印刷中黑色的附著力最大，可以讓接下來的其他油墨容易附著，較能顯現最佳的網屏忠實度。

第二次序是青色，具稍弱的附著力，直接疊印在黑版上。

第三次序是洋紅色，其附著力比青色弱，直接疊印在黑版與青版上。

第四次序是黃色疊印在黑版、青版與洋紅版上，由於其附著力最弱所以能平均地覆蓋於前三者上，但卻有稍微網點擴張現象。CMYK四色以網點方式按此順序先後印在紙上，經光線照射，各種反射色光混合經視覺神經作用，最後重現原圖的色彩。

印刷油墨的性質

如果你曾經自己動手油漆過家裡的傢俱，大概就比較瞭解印刷油墨的性質。印刷油墨主要是由主劑和助劑組合而成；主劑包括色料（如無機顏料、有機顏料）與媒質（如亞麻仁油、合成樹脂），助劑則是為了調整印刷作業適性（如稀釋凡立水、膠凡立水）、印刷乾燥適性（如乾燥劑）、印刷效果適性（如Toner）之需要而加入的物質。助劑一旦隨著主劑附著在印紙上，它的任務就算達成，隨後即應該退除。助劑添加物最後經由昇華、蒸發、被印紙吸收或參與主劑反應的方式退離印紙表面。

除了上述的基本組合成分外，印刷油墨的「附著力」也是一個重要的性質，所謂附著力是指油墨黏附在印紙上的能力，四色印刷中的黑色之附著力最強，所以一般標準的印刷順序都以黑色最優先。這種情形類似做花生醬三明治，首先在一片吐司上塗抹附著力較強花生醬，接著再在其上塗抹附著力較弱的果醬，這是一種正確的作法；現在試著以反次序的方式製做，你會發現無法讓花生醬乖乖地留在果醬上，結果三明治大概也一團糟了。所以印刷單位順序的考量確實有必要，基本的作法是附著力大的油墨在下，較弱的在上，但印刷技術人員會根據作業的實際情形作專業之判斷與更改，由於黃色的附著力最弱，所以一般是最後處理。明瞭這些原理將有助於克服多色印刷技術，尤其是一貫作業方式所潛在的諸多困難。

非塗佈紙類其纖維容易大量吸收印墨，並產生暈散現象。左幅圖例是20%網點濃度的放大情形，網點保持正常大小；右幅圖例是以同樣的條件印製後，放大的情形，從其中可見明顯的網點擴張現象。

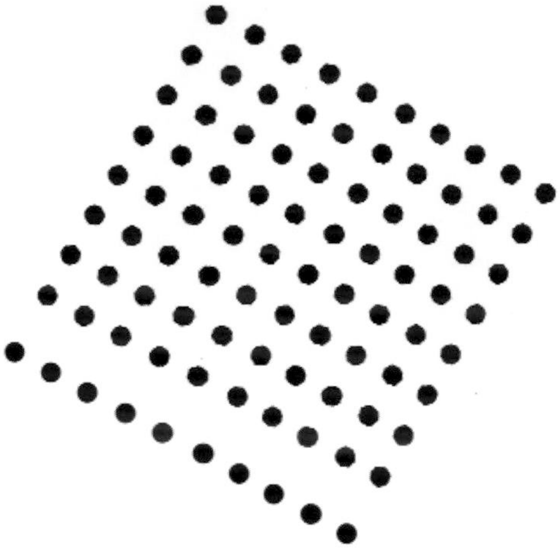

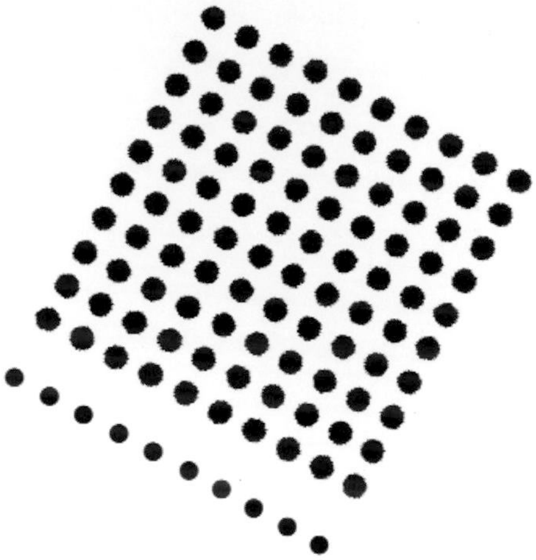

網點擴張

附著力弱的油墨在印刷過程中，會產生「網點擴張」現象，在網點放大的情況下檢視時，此缺陷明顯易見；若印版上使用的是附著力越強的油墨，那麼每一網點上的油墨之內聚力越大，越不容易擴散至網點範圍外；油墨的附著力弱其內聚力越小，油墨在印製過程中容易往網點範圍外擴散，這種現象稱為「網點擴張dot gain」，所以印刷業界有此一語雙關說法：A dot's gain is our loss，意即，網點擴張就是我們的損失。

目前印刷技術尚無法避免網點擴張現象，如何有效控制之是一項極大的挑戰。品質要求高的印刷廠，甚至已經將網點擴張要素，預先在打樣階段表現出來，以呈現真實的原貌。印刷廠會根據一些已經標準化的數據，仔細調整生產線，期能降低網點擴張現象缺陷。

非塗佈紙類（如模造紙），比塗佈紙類（如銅版紙），更容易產生網點擴張現象。如果在非塗佈紙類上印刷，其網線數應該低於133線（每英吋133行網點，稱133 lpi）才不致於網點因擴張作用而相互暈染。所以網線數越高並非意即印刷品質越精緻，網線數應該與印紙的品質配合才能發揮所長，例如：報紙多以75-100網線印刷，銅版紙多以150-200網線印刷，最新的FM過網技術已達到 600-700 lpi。

如前頁所述，某些品質要求高超的印刷廠，已經將網點擴張要素，預先在打樣階段表現出來，以呈現真實的原貌，此為一例。

此為網點擴張現象非常明顯的圖例，網點擴張會造成彩度不正常、色澤污濁的不悅效果，通常是由於油墨濃度不正確，或印刷過程中某些步驟的壓力控制不當所引起。

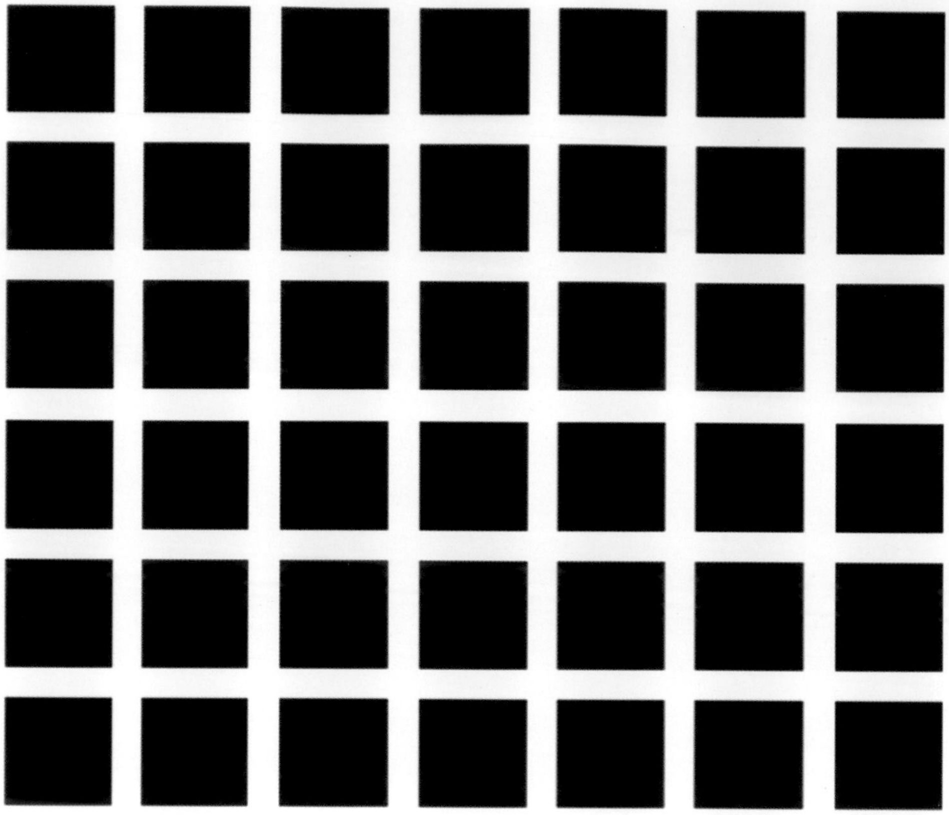

仔細觀察圖中的黑方塊，可以看到黑色方塊交接處的跳躍暗點，這就是「錯覺網點擴張現象」，造成類似實質的網點擴張瑕疵。

錯覺網點擴張現象

點擴張現象並非單純因為印刷過程中的實質因素所引起，尚有一部分是因為人類的「錯覺」引起，屬於視覺心理層面的因素。在錯覺的實驗中，令眼睛直視一個由許多垂直與水平組成的小黑色方塊畫面，會發現黑色方塊與黑色方塊間，產生明顯跳躍的錯覺暗點；網點基本上也是以類似的網隔狀排列，當光線照射在印紙上並將那些細微的網點反射入我們的眼睛時，網點與網點間也會產生如上述跳躍的錯覺暗點，這些暗點並非實質的網點擴張，可是卻能造成類似油墨暈散的瑕疵。

黃色的挑戰

由於黃色屬於高明度的色彩，加上其附著力在四色印刷中是最低的顏色，所以在整個印刷的考量因素中，概以黃色的「彩度」與其油墨的「濃度」為主，至於黃色是否能呈現豐富的色調，倒不是主要的考慮因素。即使用印刷專業放大鏡，檢視10%網點濃度的黃色印紋，由於網點擴張現象所以很難分辨其網點，但是在相同的條件下，其他顏色的網點就很容易分辨了。針對黃色的這些特質，所以一般都把黃色的印刷單元，置於四色印刷流程之最後階段，以減少對其他顏色的交互影響。所以，如何讓黃色呈現完美色澤的主要關鍵，不在於追求黃色豐富的色調，而在於控制黃色網點的大小，減少其網點擴張現象。低附著力之黃色網點擴張可達50%是很常見的情形。

網點擴張是一種變化多端的現象，影響的要素非常多，例如油墨、印紙、印刷方法等。由於黃色的網點擴張現象，比四色印刷中的其他色還明顯，但是它的網點擴張並不會太影響印刷品質，所以一般都把黃色的印刷單元，置於四色印刷流程之最後階段。圖中兩影像中的黃色，只表現其彩度與明度兩因素，但對黃色調的層次似乎幫助不明顯。

油墨濃度

另外一個影響網點擴張現象的重大因素是，是塗佈在印紙上的油墨的量，也稱為「油墨濃度」，幸好它是一個容易控制的變化量，通常只要維持在預定之最佳範圍內，都可以設定微調值，使色彩呈現達到最高品質的境地。一般油墨產商為了增顯其色彩飽和度，都會在合理的範圍內盡量添加色料，而不太考慮因應印刷方式之差異，所以印刷機正式啓動前必須配合仔細調整。

雖然直覺告訴我們，只要將油墨濃度推至極限，似乎應該可以得到飽滿艷麗的色彩，與豐富細膩的色澤；可是事與願違，油墨濃度過高常導至明顯的網點擴張現象、彩度過度與色彩層次盡失的缺陷。但是在仔細的監控與流程管制下，適度地提高油墨濃度，可以提高色彩的亮度，增加暖色光澤，且不太損失色彩層次。當然提高油墨濃度多少都會造成某方面的損失，我們常常鼓勵客戶或印刷技師這種作法，有時後者也懷疑不已，不過最後的成品卻消除了他們的疑慮。上述方法會因為油墨乾燥時間太長而降低其成效，也就是單面印刷完成後，印紙疊推在運送墊板上等候作反面印刷的時間拖長會影響其效果。再次建議，為了提升色彩某方面的優勢，一些額外的嘗試、冒險與努力是值得的。

油墨濃度範圍的另一端就是稀釋油墨的濃度，它適用於某些原圖掃描已不佳的圖稿，或是要求色調層次較細膩的印刷作業。濃度較低的油墨具有較高的黏性，容易被印版與橡皮滾筒吸附，此對網點真實度的呈現很有助益。同時濃度較低的油墨能產生較冷的色彩調子。

不過使用濃度較低的油墨印刷有一缺點，它在印刷過程中會剝脫印紙上的表層處理物與纖維，而且油墨的黏附力越大，上述的情形會更嚴重。當這些剝脫物輾轉入印刷機污染上墨系統，會轉附在另外的印紙上，形成斑點狀瑕疵，這就是從別處轉來之剝脫粒狀物的影像，此斑點的周遭圍繞一白圈，它的成因是由於粒狀物阻隔了由橡皮滾筒轉印的油墨。

在印刷過程中適度地提高各色油墨的濃度，以提高色彩的亮度，增加暖色光澤，且不太損失色彩層次。圖例中的足球選手就是用這種印刷技法，增強其色彩飽滿鮮麗色澤；不過仔細看下幅的滑雪圖例，雖然色澤豐富的要求達到了，可是影像的層次確實受影響。

使用稀釋的油墨雖然可以減少網點擴張，增加影像的色調層次，但是如圖例中的影像，一方面有濃厚的暗位，另一方面又要表現金屬的豐富層次，就可能是一個兩難的情形；修正色調的方法應在打樣階段，同時考慮網點擴張與色調偏移兩因素，並在兩者間取得平衡。

印刷油墨助劑

在第91頁中曾提及，印刷油墨主要是由主劑和助劑組合而成，助劑是為了調整印刷作業的各種適性之需要而加入的物質，例如，印刷技師為了降低油墨的附著黏性，會在油墨槽內適度地添加稀釋助劑；另一方法是在油墨槽內添加中性油墨基質。油墨濃度經仔細調配降低至適當值後，一方面可提高色彩的明度，另一方面也避免在印刷進行時，剝脫印紙上的表層處理物與纖維。但是過度稀釋油墨會造成類似退色的不良色調，對大多數印刷作業而言，使用過度稀釋油墨絕對是得不償失，不值得鼓勵；但是某些追求特殊視覺效果的印刷品，偶爾會採用這類油墨。

印刷過程中設定每一個印刷單位的先後順序，是有其主要的考量原因，亦即希望能預先掌握並發揮各油墨的特性，使印刷成品能維持一貫的品質。印刷油墨多少都具透明性，疊印的各色層會互相影響其色澤，其最後之呈色絕非單純相加的結果。一般四色印刷的順序依次為：黑版、青版、洋紅版、黃版，此標準次序所產生的結果，永遠都是在可預測的範圍內，不會因不同印刷作業而產生不可預料的結果。如果我們改變其順序為：黑版、洋紅版、青版、黃版，而且使用相同條件的油墨，其結果會有明顯的色調差異；此差異產生的原因是，標準順序的制訂是經過許多科學測試後的量化程序，一旦次序改變，便全盤變更油墨附著力之需求條件，那麼就又回到當初製作三明治的比喻：是先塗花生醬，還是先塗果醬的難題。

微調四色印刷中的青、黃與洋紅之油墨濃度，令其達到適當的色彩平衡，可以產生愉悅的色澤。這些色彩平衡的理論相當高深複雜，不是三言兩語可帶過；不過從此三圖例不難看出色彩平衡的實質效果。最左圖是提高黃色油墨濃度，中間圖是提高洋紅色油墨濃度，最右圖則是維持原始的油墨濃度。那一個色調最佳？沒有絕對答案，因人而異各取所愛而已。

色彩平衡

所謂色彩平衡是調整CMYK或RGB的色域空間。雖然在調整色彩平衡時，只是針對各別色版進行修整，但是修整的過程中會引發其他顏色的色調改變，終至影響全部色彩。一面操控四色印刷中各色彩間的色調平衡，一方面又要油墨濃度維持在合理之範圍，正如同在無分隔島之高速公路上駕車，要非常謹慎，否則極易發生意外；也許你會往中線偏右一點，或往左偏一些，只維持在中線附近，大概不會有立即的危險；但是一旦遠離中線，馬上身陷極大的災難。色彩平衡的操作原則也是如此，切勿過度或不及。專業印刷技師每天都會遇見色彩平衡的難題，也無時不在解決這些困擾，他們絕對都有調整色彩平衡之能力，所以設計者因該信任其所提供的修正意見，優秀的印刷技師不會讓你跨離中線太遠。

現代的四色彩色印刷技術其實尚未達到盡善盡美的境界，還無法100%表現原圖稿的色彩忠實度與質感。所以目前印刷技師所面臨的挑戰，就是如何依靠經驗判斷與成熟的實務操作，讓理想與現實的落差盡量減小，使印刷的色彩再現能臻於完美。

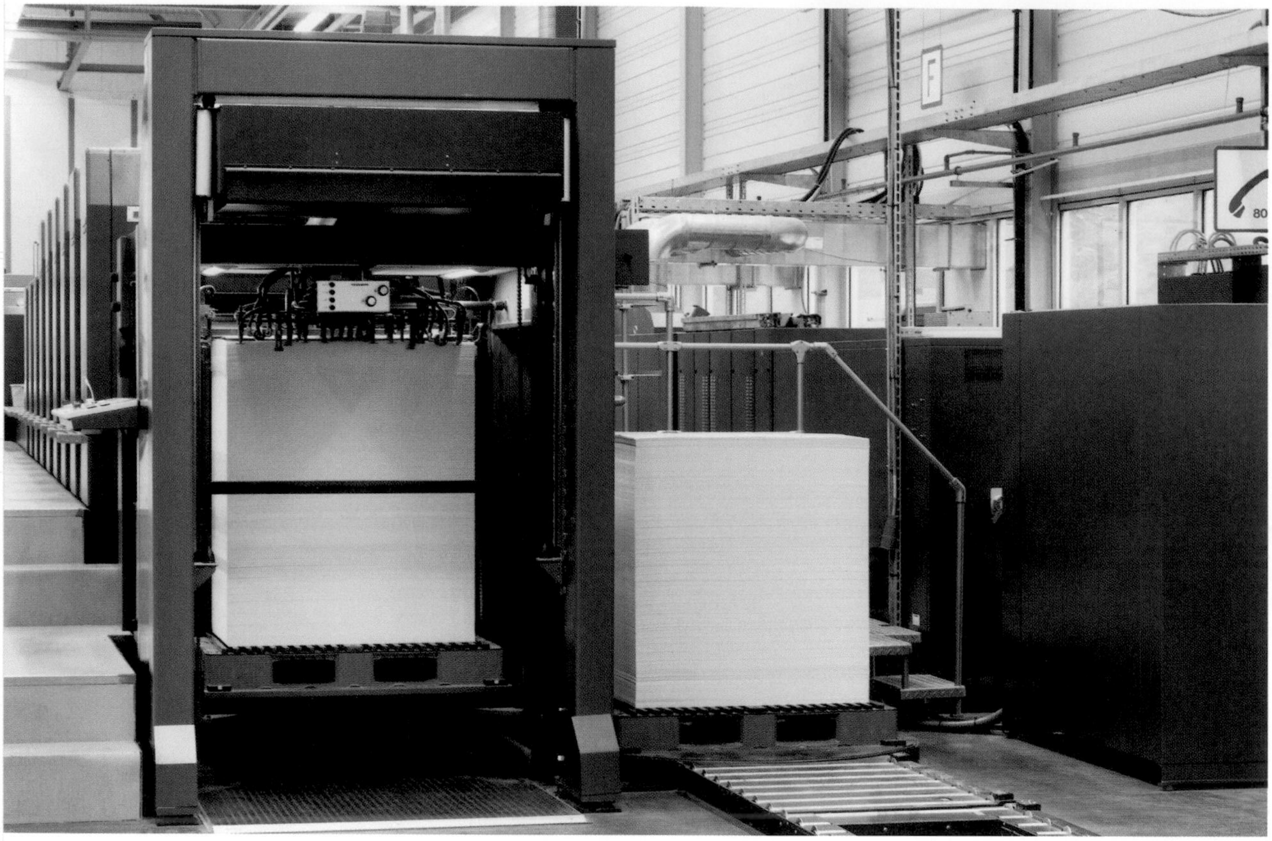

印紙：印刷媒材與費用大宗

製紙廠所生產的原紙都成捲筒狀，以方便運送、貯存，但是一般的商業印刷機都設計以平張紙方式餵紙，所以原紙還必須送入裁切機，依據印刷機與規格需求，裁切成適當尺寸的紙張。

印紙是商業印刷最主要的印刷媒材，印紙也是所有印刷費用中佔最大的部分，但是印紙供應卻是最不穩定、最不可掌握的要素。所有印刷前作業之經費開支，都有很平穩的市場價格，不會有驟然的波動；印刷流程之長短和印紙的種類，是直接影響整個印刷案費用的主要因素。經營成功的印刷廠都與紙張供應商，維持良好的配送管道，其最大的好處是，印刷廠隨時都能夠得到需要的印紙供應量，而無庫存與斷貨的壓力。在其他條件都相同的情況下，假使印刷廠能從紙張供應商處，取得較低價格的紙張，其實這也有助於降低製作的成本，獲得更多的利潤；由於印刷廠的紙張也是購自供應商，所以在轉售給你時，一般都須再加百分之十到三十的經手費用，這個加碼是浮動的，端視你與印刷廠之間的合作關係而調整；通常是，假使印刷廠知道這是一個特別的印刷專案，而且競爭的對手很多，那麼他們都會減少加碼百分比，讓成本降低以爭取承印機會。如果客戶對成品的品質要求很高，加上印刷經費很寬裕的話，建議盡量採用高級紙張；但是假使經費很緊，則應在品質水準不會相去太遠的前題下，選用等級較低的紙材。印刷廠的業務員或經理，都能配合你的需求與印刷廠的特色與規格，提供這方面良好的諮詢服務讓客戶滿意，也讓印刷技師能發揮各種紙材的優點。

製紙廠出產的捲筒原紙的體積與重量都非常龐大，直立可達三至五呎，重達數千磅。一些使用捲筒原紙印刷的工廠，必須使用吊車來運送紙捲至印刷機的餵紙處。

印紙供應：供需失調的窘境

紙張生產線並非永遠保持不變，它就像新型汽車推陳出新般快速，來也匆匆，去也匆匆；紙張供應商一年前拍胸脯保證供貨無虞的紙張，也許今天就已經停產了。紙張製造商的生產考量絕對是以市場供需和利潤為導向，如果某種紙的滯銷庫存太多，為了減少損失，他們一定停止這條生產線；製造商也會為了創造市場而試製某種紙張銷售，如果反應不佳即刻停產。所以設計師在選用紙材時應特別注意，盡量採用廣泛使用、供貨不斷的紙張，避免供應不確定的試探產品，才不會掉入供需失調的窘境；特殊的紙張不是絕對不可使用，而是必須先確定供貨無礙才進行下一動作。常見有些設計師在印前作業時，創意十足充分發揮獨一無二的品味，大量擬用特殊紙材；但是當他打電話與紙張供應商聯絡時，你猜結果怎樣？晴天霹靂，這些紙材不是開數不合，就是已停產多年。

製紙工業是一個競爭激烈的產業，為了生存它必須服膺最基本的市場供需準則。能被設計師認同且樂於採用的紙類，才有廣大的市場潛力，也才有鼓舞廠商繼續維持生產線的原動力，如果市場反應不佳，他們絕對不會任憑堆積如山的庫存消耗其資金，卻繼續生產該產品。

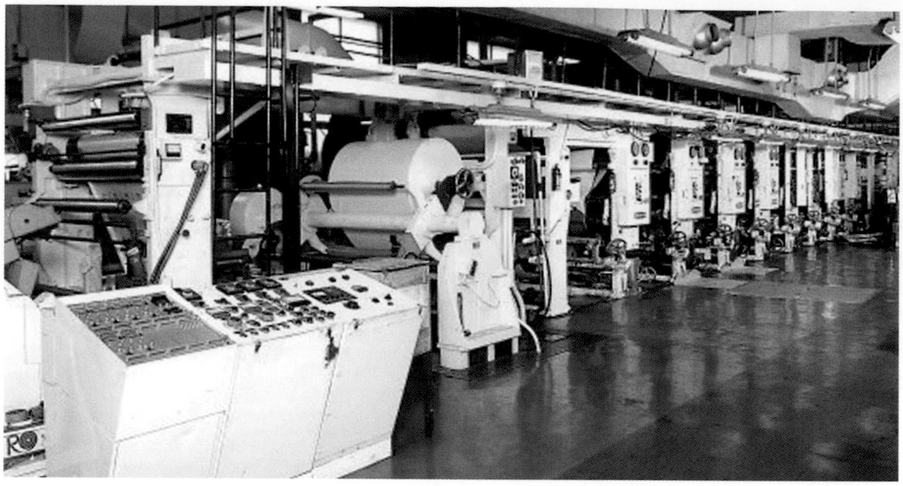

捲統紙專供應以此種方式餵紙的印刷機，連續不斷的印紙轉捲入印刷流程完成後，最後再經裁切並摺疊。

發揮紙材特色

紙張等級並非完全代表印刷成品優劣，如何發揮紙材特有的特質，使印刷成品臻於完美，才是用紙的正確觀念。如果客戶的經費有限無法如願採用高價位的高階紙張，則不妨選擇等級較低的其他產品。其實許多優秀的印刷品是產自低階的紙材，高階紙材未必是印刷品質之保證，最低成本作出最佳的品質才是成功之經營之道，舉世聞名的國家地理雜誌之「阿富汗少女像」，其實是印製在第三等級的銅版紙上。

在正式上機印刷前，你一定要再三與印刷廠業務員確認用紙的種類、規格、成分、等級等等，口頭上的承諾往往不可靠，無法令人高枕無憂，你甚至必須到庫存現場親自檢視，確定你的名字已經標示在紙堆包裝上，避免浪費時間和日後的焦慮、後悔、混亂。有些個案甚至到上機關頭，才發現原來的庫存紙張不翼而飛，換來完全不一樣規格條件的替代品，此時真令人抓狂！所以務必要看好你的訂貨。

另一個必須注意的因素是紙材生產線的壽命，即使有些紙材目前現貨供充裕，但並保證後六個月就不會斷貨，這種情形對那些印前作業必須進行超過半年以上的個案，可說是一大問題。如果客戶的印製計畫是單次專案，不再印製第二刷或第二版，那麼上述的衝擊會較緩和；但若是原計畫有定期或常遠的印刷打算，那麼就要謹慎篩選配合度高的紙張供應商，並緊盯該紙張的生產線，以確實掌握紙材的市場動向，避免中途斷線必須另起爐灶的困擾。

紙材的種類、尺寸、重量與厚度等規格種類繁雜五花八門，對設計新手而言的確會造成許多認識的紊亂，不過也不必太過慮，紊亂中還是可以整理出分類頭緒。以下所要論述的都是目前市面上通用且供應穩定的印刷用紙材，一些特殊的印紙就略過不涉。

詭異的紙張重量與厚度原則

紙張的厚薄分類和買賣計價，主要是依據紙張的「基本重量」來定義，「基本重量」又可分為「令重」與「基重」兩種。我們把500張標準全紙稱1令，而1令紙的重量稱「令重」，單位為：磅／令，同一尺寸的紙張其令重越大，即表示紙張越厚；令重越小，即表示紙張越薄。使用「令重」時一定要註明其紙張基本尺寸，由於每種紙的標準全開紙大小不一，若不加以註明即使「令重」相同的兩類紙，也無法區別其紙張的厚度。「令重」在實際使用上的確很詭異，令一些入門者摸不著頭緒，唯一最好的說詞可能是「專業的傳統」了。另外，「基重」是以每平方公尺之單一紙張所秤得的公克數，為其計算紙張厚度的基準，單位為：公克／平方公尺；「基重」與紙張基本尺寸無關，只要基重相同，即表示該同種紙類的厚度是一樣。目前國際間傾向採用基重為紙張的重量單位，但是因為「令重」單位仍然廣為業界使用，所以本書還是以它為基礎，來探討紙張的諸問題。紙張在製作時為了滿足各方面的需要，所以市面上的紙張種類繁多，很難將其作單一的分類，以下就幾種北美地區常用的紙類來加以說明。（譯者按：本章原文討論的對象是北美地區規格用紙，至於台灣本地的用紙請參考國內相關資訊）

事務用紙類（北美規格）

事務用紙的價格都較其他紙類低廉，但是其質地堅實具備耐用、耐擦、吸墨性強、抗曲捲性高等特色，其紙面光潔平滑，普遍用於辦公室事務，適合影印機、噴墨印表機、雷射印表機的複印、列印等拷貝作業或快速印刷，例如印製各種全銜信紙、各種表格等。標準全紙尺寸為17x22英吋（美規US Ledger），常用的裁切尺寸為8.5x11英吋（美規US Letter），常用事物務紙張的令重為：13至24磅／令 — 17x22英吋。

書寫用紙類（北美規格）

書寫用紙是屬於等級較高的事務用紙類，其標準全紙尺寸為17x22英吋，令重為24磅／令 — 17x22英吋，是事務用紙類中厚度最高者，加上其紙漿內含較多百分比的棉質長纖維，所以紙質堅實、安定、耐久而不變質、外觀精美，適宜有細膩圖文的文件印刷。書寫用紙類的表層處理方式很多樣有光滑、紋理、粗糙、織紋等，紙色則有純白、象牙白、灰白等多種選擇。擅長表現典雅高貴的印刷品氣質，是設計師在製作企業視覺識別系統的事務用品，如卡片、邀請卡、信封套時，最樂於採用的紙材。書寫用紙類常有浮水印記，用以標示紙張之上下（天地）、正反方向，在印刷時有紙張方向的正確依據。書寫用紙上的浮水印記，對事務用品之印刷十分重要，以企業全銜信紙為例，全銜若在紙張上方，那麼浮水印記就應該維持於正立的方向，避免倒立。

表層未經塗佈處理的紋狀粗紙，易使網點的油墨擴散。由於紙面佈滿高低坑洞，印刷時滾筒必須添加壓力才能使低陷處接受油墨，此舉必定造成嚴重的油墨擴散現象，影響印刷品質。高級塗佈紙適合表現高網線數、精細紋理的圖紋，一般選用紙材都依據此原則。

有關全紙之問題

書寫用紙類在使用時，有兩個十分重要的要素要考慮，一是「全紙的尺寸」另一是「浮水印記」，尤其當兩者互相影響時。書寫用紙類常用的全紙尺寸為17x22英吋，可是22.5x34英吋，或23x35英吋的大版全紙也常使用，這些尺寸的紙張在印製企業全銜信紙的時候，可能會遭遇到「咬口」和「出血」兩因素，限制印刷圖紋放置的面積，尤其是當印紙上原本已經有浮水印記時，其限制情形更嚴苛。所謂「咬口」是單張餵紙式的印刷機在運轉時，為了能讓機器上的抓紙機制順利送紙，而在單張印紙一邊預留3／8英吋空白處，此容許空白稱為「咬口」；所以「咬口」處都不允許有任何印紋。如果印紋必須緊靠完成後之信紙的邊緣（完成尺寸線），為了印紋的平齊，一般都會將印紋預先稍微超出完成尺寸線，再依據完成尺寸線裁切後，始能得到平齊的邊緣，此預先超出完成尺寸線的緩衝帶稱為「出血」。以印製全銜信紙為例，印刷技師為了節省紙張，在拼大版的時候會盡量把許多全銜信紙靠攏擠進一張全紙上，不過此法會造成裁切時無法完全剔除印紋的「出血」，勢必影響整體美觀。解決的方法就是使用較大尺寸全紙，不過也會產生浪費紙張的缺點，如果是長期印刷案其損失更顯見。建議使用23x35英吋的大版全紙印製全銜信紙時，可先裁成三開，其上約可拼兩張信紙，並讓全銜信頭方向依順印紙的浮水印記，這樣可以減少紙張浪費與無法完全剔除印紋的「出血」問題，也同時顧及浮水印記方向正確的考量。

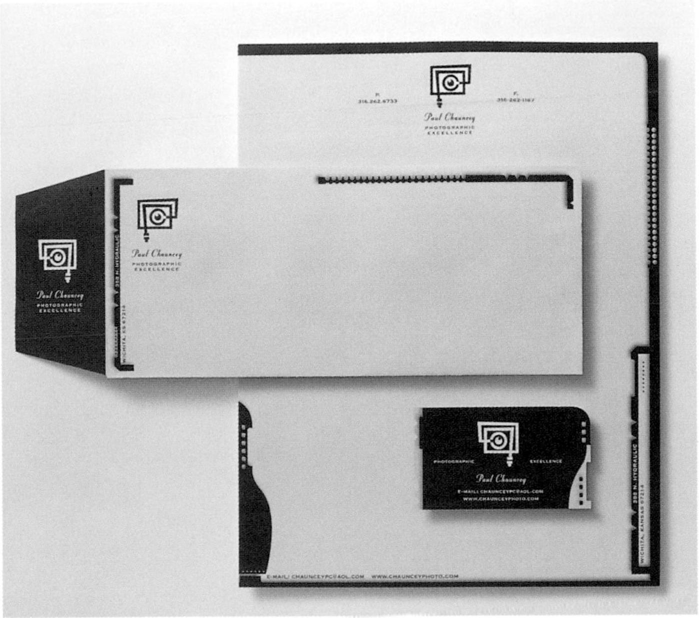

印製信封最佳的方法是使用平展紙張來印刷，完成後再裁切、褶疊、上膠等加工，如此才可能確保其印刷品質。

越來越多的辦公事務用品類，如：信紙、信封、名片等，都採四色印刷，並有出血情形。印製這些物品看似簡單，其實也隱藏了許多訣竅，如果不熟悉它們，常會產生不可預期的缺陷。以信封為例，不牽涉及出血的簡單設計，一般都是以預先摺妥的空白信封，在小型印刷機印製。可是由於空白信封都會事先加工，例如糊膠、壓線和摺疊，再加上生產的方式因廠家而不同，所以其表面並非很平整，偶有崎嶇不平的現象，這會嚴重影響各色版的對版精確度，造成套版不準，降低印刷的品質。所以使用空白信封來印製企業的全銜信封，並非良策。

如果所要進行的信封印製案，是品質要求嚴謹，有出血的四色全彩印刷，我們不建議套用預先摺妥的空白信，而應使用平展紙張來製作，也就是將信封之展開模，盡量以不浪費紙張的原則去拼版，等印刷完成後再裁切、褶疊、上膠等加工。有經驗的印刷技師，都會在信封的刀模外預留伸張空間，以容納褶疊時之尺寸誤差，因為摺紙機的精密度最多只到1／8英吋，再加上置入文件的尺寸限制，如果完成尺寸太緊湊，有時反而礙手礙腳，毫無旋轉餘地。一點點不影響成本與整體美觀的圓融，可以解除許多無謂的紛爭。最佳的方法就是在設計以前，到現場索討幾個該印刷廠過去曾做過的信封樣品，仔細研究、詢問並丈量，找出適合的尺寸如法泡製，也不失為一良方。

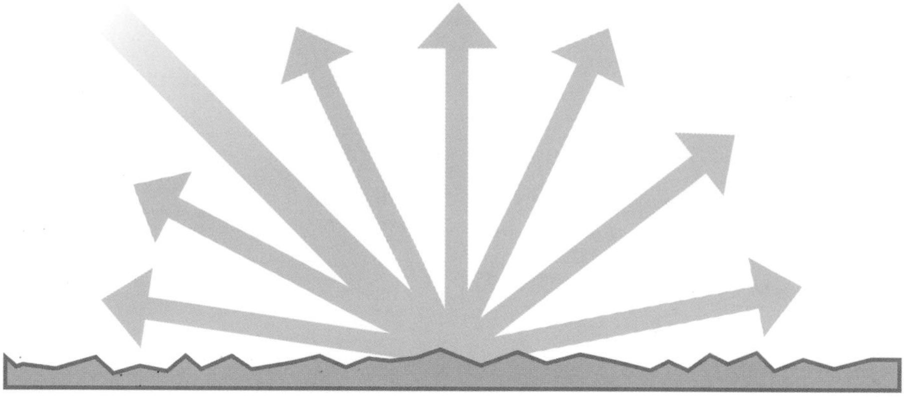

圖示為非塗佈紙縱切面放大情形，紙表面崎嶇不平較為粗糙，從四面八方照到紙面的光線，一部分被紙面吸收，一部分則以不規則之角度四處反射，所以這類紙張上的印刷圖文色彩絕對是較沉暗的。

書寫用紙類的紙面與印刷之關係

所有書寫用紙類在生產過程中都受到嚴格的品管，因此具備穩定且優良之品質，很適合精緻之印刷。此類紙有許多種表層紋路，有光滑、直紋、粗糙、織紋等。如果是高網線數、圖紋層次精緻的四色印刷，建議選用表面潔滑的紙材。表層具有紋理的紙張在印刷時無可避免地會產生如下的缺陷：類紙經過印刷機內之每個印刷單元時，因為需要較大的滾筒壓力，所以很容易產生紙張變形，導致紙張對位不準，每一印紙上的圖文定位都會移位，影響瞻觀。織紋紙張是以水平與垂直的線紋交叉形成，可以分散過大的滾筒壓力，雖然不如光滑紙面平順，而且也具毛絨吸墨特性，但是它卻不易產生上述之缺點。

圖例中的上幅是直紋紙，具有絨毛吸墨色性，易產生網點擴張現象。下幅是織紋紙是以水平與垂直的線紋交叉形成，其製作方式是在紙張抄造過程中，以壓紋機在紙面上滾壓出此紋理。織紋紙張可以分散過大的印刷滾筒壓力，其印刷圖文的精緻度比直紋紙高許多。

直紋紙

織紋紙

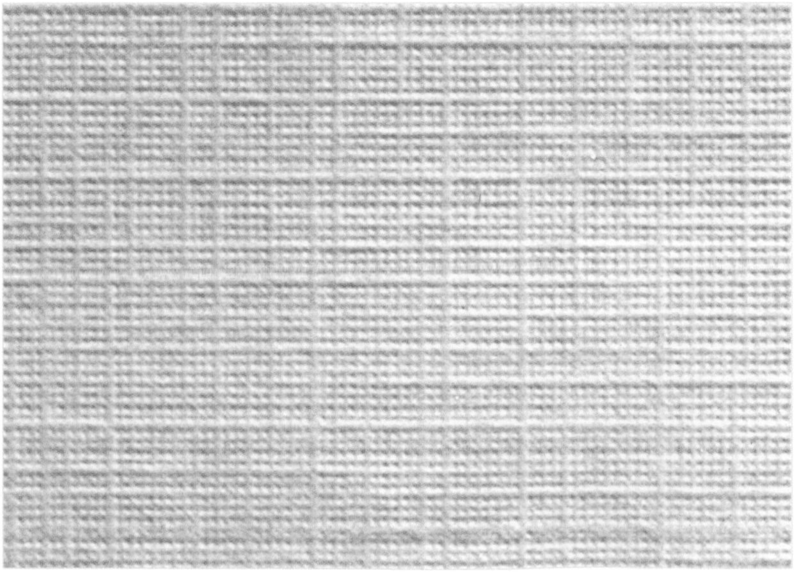

圖示為霧面、無底色、高壓處理的非塗佈紙材，它較一般非塗佈紙材更光滑些，所以光線四散反射的情形較少，適合一些追求較高層級之圖文印刷作業。

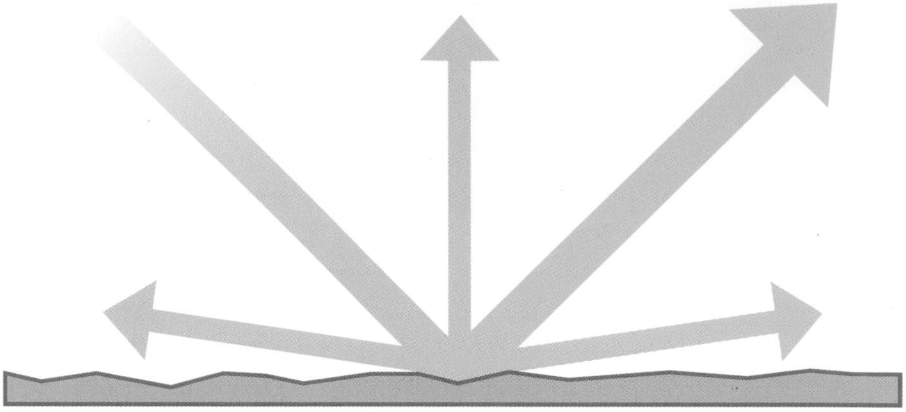

書寫紙類的底色與外觀

大部分的書寫紙類都是非塗佈紙，若要使用這類紙印製彩色成品，那麼就要特別留意所使用的色票樣張必須是非塗佈紙張，這樣才能顯現真實色彩。市面上的書寫紙類除了白色外，尚有象牙白、淡灰等其他中性底色，這些底色多少都會干擾其上的油墨色澤，假使事先無法預視此影響，配色的控制就很困難了，此時可以要求熟識的印刷廠特別為你在選定的印紙上試色，以預檢其色澤；通常印刷廠都會為長期合作的客戶提供類似的額外服務，也許會依據交情或印刷案的大小，來酌收象徵性的手續費用，甚或免費，特別是知道這將是一筆大生意時，他們會使出渾身解術討好客戶，爭取競爭的籌碼。

高級塗佈紙張（又稱銅版紙）具備順滑反光的表層特質，高壓處理過的塗佈原料具有極強大的油墨附著力，平順的表層反射方向一致的反射光，讓色彩更亮麗飽和。

模造紙類

是鹼性法製成的高級印刷與書寫用紙類，可以保存百年以上，白潔度優良印刷清晰，適合印製書籍、薄冊、雜誌及書寫，用途極為廣泛。模造紙類的表層紋理與底色，和書寫紙類雷同，選擇之樣式繁多，是很多企業、公司、機構在印製年報、年鑑、簡介書冊時，最愛採用的紙材。常用的模造紙全紙為25"x38"英吋，有60、70、80磅幾種規格，大多用於內頁；至於65、80、110磅級的則用於封面，或名片、卡片等印刷。

平版印刷用紙與印書用紙

這兩類紙無論是外觀或印刷性質都十分相似。常用的印書用紙類全紙為25"x38"英吋，有足夠的圖文編排與裁切空間，很適合印製書籍。紙紋多樣選擇性高，從粗糙至光滑表面應有盡有。這類紙張大多是非塗佈紙，所以會產生稍微的網點擴散現象，並不適合極高網線數的精密印刷，最佳的網線數是150線，最常用的網線數則是133線。

平版印刷用紙與印書用紙的價格等級很多，紙材選用應與印刷方式配合，並非高價位的印紙一定保證有最佳結果，發揮每種紙張的特色才是上策；價位最低的紙專供黑白或單色印刷；套色與網版印刷等採中價位的紙材；高階的書籍印刷則選用高價位的紙材。印書用紙類有22 到 150 磅多種規格，兩面均可印刷。顧名思義，平版印刷用紙必定是最適用於平版印刷，因為平版印刷術是利用油水互不相容原理來印刷，所以印紙必須禁得起濕氣，且不容易伸縮變形。又因為平版印刷術是間接印刷，所以紙張的平滑度要頗高。大部分的印書用紙都適合平版印刷。

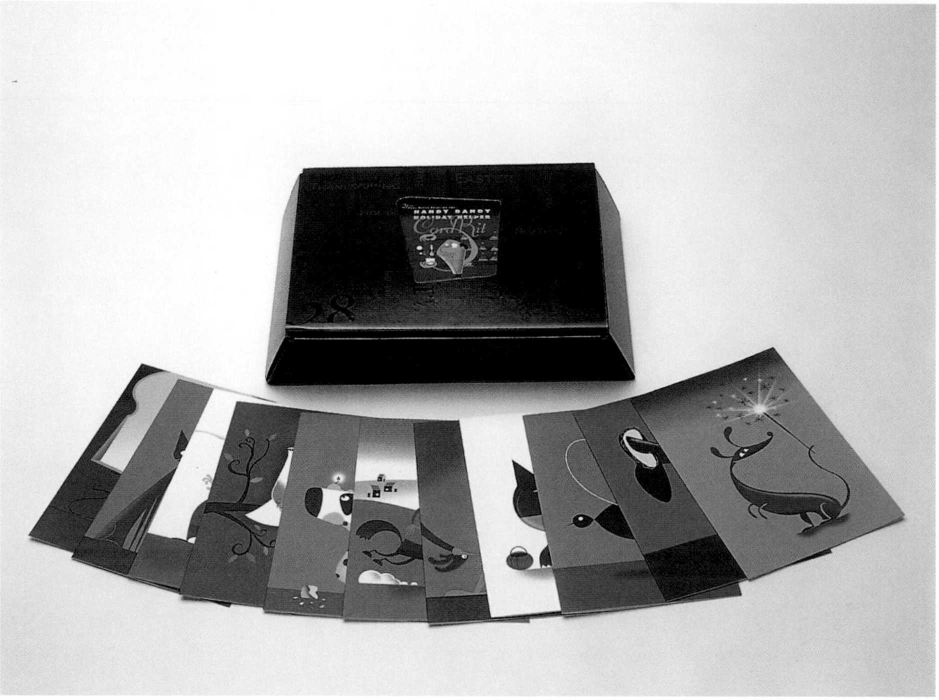

圖中的印刷成品大多使用高級的印書用紙類，其紙面霧狀觸摸質感與堅挺美觀的結構，能充分表現典雅高貴的氣氛，適合套色印刷、半色調印刷與網版印刷，是高階印刷品最常用的紙材。（Paul Baker公司印刷．CMB設計．Image Wise包裝）

非塗佈紙類的印刷

非塗佈紙類是由化學紙漿與機械紙漿，依不同性質需求，以不同比例混合填料而製成，紙表不經塗佈處理，其紙張特性與塗佈紙類的完全不一樣，所以在印刷過程中考慮要素之輕重也不盡相同。最明顯的一點就是非塗佈紙類需要較長之油墨乾燥時間，這是因為非塗佈紙類表層較粗糙，吸收油墨之量較多，待其乾燥較費時，否則尚未完全乾燥的油墨，在反印另一面紙時會黏沾在壓力滾筒上，當另一張紙引入壓力滾筒時就會將此印紋殘墨轉印到後者，造成汙染破壞整個畫面。一旦發生此嚴重情形就必須停止整條生產線，拆卸零件大事清理，並且延長油墨乾燥時間，不但浪費時間也影響整個製作成本。

塗佈紙類

塗佈紙類又通稱銅版紙類，是以不同的非塗佈紙類為紙基，經過輕、重不一樣的方式所製成，有輕塗佈紙、單面塗佈紙、雙面塗佈紙等。均具有光亮平滑的表層，印刷適性優良色彩表現鮮麗層次細膩，常用於精美書籍、畫冊、月曆、海報等印刷。

塗佈紙類吸收油墨的媒質速度快，而只留下色料在塗佈層上，印刷過的紙張在短短的幾分鐘內，就能夠用手觸摸而不沾手，因為塗佈紙類有這種特性，所以即使它的油墨膜層比非塗佈紙類需要的油墨膜層更薄，但是其色彩表現卻更飽滿鮮麗。由於油墨容易乾燥減少許多等待的時間，加速生產線之運作，一個印刷案一旦上機，只要連續幾個小工作時程就能全部完成。雖然色料在塗佈層上乾固了，油墨的媒質並未完全乾燥，但並無大

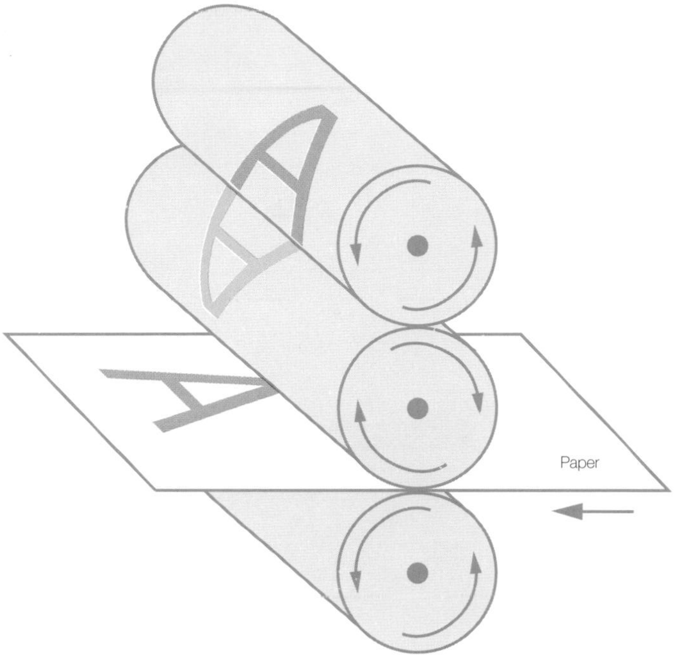

此為平版印刷原理之簡單示意說明圖，最上為印版滾筒，其上的印紋附著油墨，此印紋再轉印到空白橡皮滾筒，最後經壓力滾筒加壓，把空白橡皮滾筒上的印紋，再轉印到經過的印紙上，所以平版印刷又稱為間接印刷。三個滾筒位置的精確度關係整個印刷作業之成敗，其設定微調值幾近千分之一英吋。油墨殘留在滾筒上的現象，是此種印刷方式最難完全克服的問題。

礙，它只是被塗佈層下的紙基吸收，並不會影響其上方的色料，只要放置一段時間就會乾涸的。

因為平版印刷有油墨殘留的問題，於是業界發展出一種方法來克服之，當印紙在印刷機上跑完全程正要離開機器，準備堆疊於收紙墊板前，在每一張紙的承印面上灑上一薄層植物性粉末，此粉末薄層形成一阻隔空間，讓每一張紙暫時得以分離，等待油墨乾燥穩定，此植物性粉末最後會隨著油墨乾燥並溶入之，事後不會留下任何明顯痕跡。當然施佈此粉末層需要熟練的技術與豐富的實務經驗，過與不及皆屬敗筆，常見的失敗情形是因施佈粉末層不當，致使印紙黏沾一起破壞整個已經完成的工作。嚴謹的印刷技師都非常重視此高挑戰性之步驟。

如果印紙上超溢承接其所能吸收之油墨分量，或者施佈粉末層不當，在紙張收回堆疊於收紙墊板上時，這些多餘的油墨會轉印沾污前一張紙之背面，謂之油墨溢滲現象。萬一發生此缺陷確實是回天乏術、無法補救，只好重新印製了。

捲筒紙雙面印刷方式就不會產生此困擾，因為當整捲塗佈紙源源不斷地引入印刷單位時，其正反兩面同時承接印紋上的油墨，以一氣呵成之流程完成全部印刷作業，再導入高溫烘乾裝置，之後經降溫滾筒降溫以乾燥安定油墨，最後再轉送摺疊、裁切單位進一步加工處理，終於完成整個印製作業線。這種工作方式確實減少許多油墨溢滲的缺點。

圖中印刷技術人員正在檢視、比對印在銅版紙上的圖文與打樣之間的的差異。從銅版紙上的反光，略可窺見此種紙張的特性。（美國 海德堡公司／圖）

塗佈紙類之等級與底色

塗佈紙類被公認是印製精美印刷品最佳之選擇。紙面塗佈處理是此種紙類之特色，塗佈紙類吸收油墨的媒質速度快，而只留下色料在塗佈層上，相對非塗佈紙類，其色彩表現之真實度必定比較高。

塗佈紙類的分級主要是以塗佈的分量與壓光的程度為依據，一般分為四級：特級、高級、第一級、第二級、第三級，等級越高加工越精緻，價格越高。國內常用的塗佈紙類有下列幾種，（一）輕塗佈紙：由模造紙類經雙面輕度塗佈而成，如畫刊紙。（二）單面塗佈紙：由模造紙類經單面塗佈壓光而成，如單面銅版紙。（三）雙面塗佈紙：由模造紙類經單面塗佈而成，即為雙面銅版紙；如果由全木道林紙類經雙面塗佈壓光而成，即為特級銅版紙。由道林紙為紙基經雙面粉面塗佈處理之紙，即為雪面銅版紙。將銅版紙再經過特殊壓紋處理，就成為壓紋銅版紙，如方格紋銅版紙、布紋銅版紙、皮紋銅版紙、花紋銅版紙等。

印後上光加工處理

印刷品印製完成後為了增強其圖文美觀及加強保護作用，特別是為了防止銅版紙類上的精緻圖文不慎被外力刮傷、磨損，常須運用其他印後加工技術，來協助達到此實用功能，上光處理是最常用的方法之一；另外，在霧面不反光的銅版紙面上塗佈光亮物質，確實能增加紙張表面亮度，提高色彩的飽和度，讓圖文更亮麗顯著；相反地，在光滑的銅版紙面上塗佈柔和霧狀物質，能適度抑制耀亮眩眼的色澤，讓整個畫面趨於雅緻安適。一點簡單的上光加工有如畫龍點睛，能為印物增色不少；其價格通常都不會太高，是值得投資的成本開銷。

全面與局部上光油

上光油處理可分為全面與局部上光油兩大類，全面上光油是在整張紙上塗佈塗劑，其作法是將上光油塗劑置入上墨系統，塗劑再轉入印版滾筒，接著轉附於橡皮滾筒上，最後轉印於經過的紙張上。全面上光油可增加紙張表面質感，與耐磨強度，許多精裝書封面都採用此種上光油加工處理。

局部上光大多使用在畫面需要特別強調突顯的部位，使該部位更加立體化，視覺效果更強化。其作法是另製一塊上光區域的印版，位置與大小必須吻合原來油墨印紋，再應用與上述全面上光油之相同方法，在紙上特定區塊塗佈塗油劑。

我們都知道，由於非塗佈紙具有粗糙面吸收大部分的油墨，加上反光四處漫射，所以印在非塗佈紙上的彩色圖像，一定比印在塗佈紙上者黯淡不明。有人試圖在非塗佈紙上施以上光油處理，想提高表面的亮度，可是結果卻徒然無功。如果為了達到此效果，則建議採用UV上光加工處理，也就是紫外光上光法。它是以UV專用塗劑，精密均勻地塗佈於印紙表面，再經紫外線光照射後以極快速度乾燥硬化而成。經過UV上光處理的印刷品具有較高的耐磨強度，以及亮麗的耀眼效果，並擁有抗紫外線的能力，使印墨顏色不易退色；其加工的價格雖然略高於上光油加工處理，但是它的效能一定更勝一籌。

上光處理必要嗎？

對一個印刷案而言，額外的上光加工費用，確實是一筆須要精打細算的開支。如果上光加工處理是必要的條件，則建議貨比三家勤於詢價，有些印刷廠為了與其他同業競爭，時常以薄利多銷的方式降低價格以爭取生意。如果確定此價格是合理，而且不影響印物品質，那麼就可以把這些差額拿來作為上光加工處理。為了追求數千美元的印刷案能更趨完美，增加區區幾百元的加工投資是值的。

有時印刷廠的業務員會針對印刷品的特性與需求條件，強力提出上光處理的加工建議，甚至印刷廠也主動提供免費附贈上光處理，即使你認為該印刷品於裝訂、運輸過程中並無磨損之虞，此加工手續是多餘的。如果業務員一再堅持應作上光處理加工，那麼你應該請教另一位業務員徵求他的意見，要是其看法與前者一致，則應可考慮採納。

水性膠液上光處理

顧名思義，此種上光劑是以水性基底為主的膠液，塗佈的質感選擇性多樣，從光滑亮麗到霧面柔光等應有盡有。成品經過高速烘乾系統處理後，產生一層堅實的保護膜可抗潮濕與磨損，當然效能不如前述其他上光加工法，不過價格卻最便宜。最常用於大面積色塊之保護，避免色料沾汙讀者的雙手。

一些五色或六色印刷機如Heidelberg40",5-color Speedmaster，本身已在生產線末端設置「上光處理單位」，待印紙跑完油墨過程後，送入最後的「上光處理」單位完成整個作業。膠液塗佈的方式與一般上光加工者大同小異，可以整張印紙塗佈，也可用滾筒轉印的原理局部處理。

圖中是一台五色印刷機，五個較高的灰色部位是「印刷單位」，專司某一色油墨的印刷，最左方的矮單位就是「上光處理單位」。（美國 海德堡公司／圖）

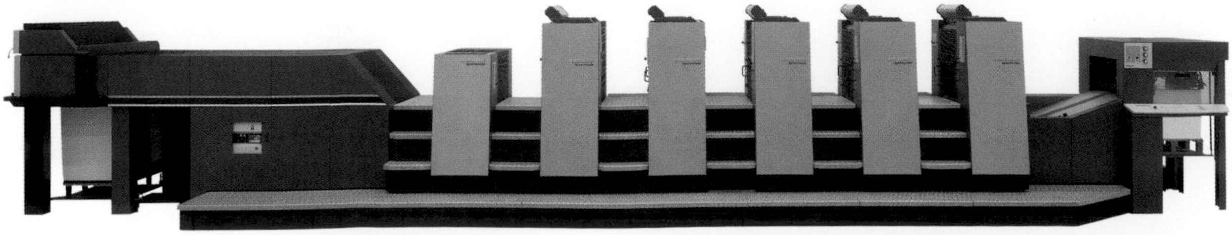

第三章 摘要

整個印刷設計案中的紙張選用，是一個決定印品成功與否之重大因素，甚至是關係客戶反應最直接的因素，假如紙張選用錯誤，即使設計創意再完美，客戶對你的能評價必定打折扣。從共同參與、學習印刷用紙選用之過程中，可以增強雙方的互信默契，建立良好的合作關係。應本著永遠為客戶利益著想之原則從事設計工作，但不意味永遠都使用最低檔的紙張，應該針對客戶的最大需求與有限條件，運用你的專業素養，選用最恰當的用紙才是上策。

與印刷廠合作無間

如何與設計業者建立友善和諧的合作關係，是印刷業者非常重要的工作之一；身為設計者，也應該重視此層關係更應努力維持之，與印刷廠合作無間是建立成功的事業之基礎。不僅如此，印刷廠、設計者與客戶，三者間保持良好合作的長遠關係，對每一方都有許多好處。對任何專業技術人員而言，沒有不能問，或不能回答的問題；尤其是彩色印刷的學理與實務，充滿了太多玄妙的神奇，有些甚至專業人員尚無法探一究竟。提出這些問題並非挑釁，它們會督促印刷廠、設計者與客戶去尋找答案。印刷技師歡迎設計者提出問題，因為他們一直希望有人瞭解印刷技術；設計師則從發掘問題中，學到許多印刷專業知識。

以下章節就是本此精神，論述設計者如何與印刷廠合作無間。內容包括：印刷設備介紹、目前印刷技術與服務、校對須知與指導、如何減少印刷錯誤等等。設計者與色彩形影不離，尤其涉入印刷領域時其關係更是密切，所以彩色打樣與印前校對作業就非常重要，是本章重點之一。印刷科技已邁入嶄新的數位時代，一種顛覆傳統印刷生態的觀念與作法正快速形成，這也是印刷廠、設計者與客戶馬上要面對的衝擊。

慎選印刷廠

如何為你的印物選擇一個適合的印刷廠？一些中大型印刷廠大概不會在電話黃頁上刊登光彩炫耀的推銷廣告，因為它們主要的生意並非來自零星散戶，所以想在廣告媒體上找到其消息，可能不太容易。最好的方法就是請教同業先進，探聽他們時常接觸的印刷廠是那幾家，甚至也順道詢問那幾家是拒絕往來戶，經過這樣的訪問可略知，目前市面上頗具好評的印刷廠有那些，那幾家可能品質管理有問題。一旦整理出可以接洽的印刷廠名單後，便應逐一打電話洽談，如果你的印刷案經費額度很大，此時必定會引發印刷同業間不小的相互競爭，每一家之業務員隨後登門拜訪，各種優惠的條件列舉不完。其實每一家印刷廠的硬體設備大同小異，唯一差別就是品質控制，你要注意的重點應該是此條件，不要被花言巧語的說詞迷惑，而失掉最根本的要求。

印刷業務代表

通常中大型規模的印刷廠都設有專業全職的「印刷業務代表」，隨時為客戶服務。印刷業務代表的專業背景與經驗來自多方，有人曾經是設計人員，也有人可能曾經是印刷技師，或在輸出中心任職；更有可能是上個禮拜才從製鞋業轉來。優秀的業務員都具備一共通點：如果他們不能即時替你解決印刷專業的問題，他們一定會想盡辦法為你找到最佳答案。現代印刷科技不但複雜且變化多端，期望每一位印刷業務代表完全通曉印刷的知識是不盡情理；同樣地，要他們馬上找到難題的答案，也是不可能。

與印刷業務代表合作

充分的溝通是設計者與印刷業務員間合作的基礎，經由不斷地嘗試與修正，才能建立健全的融洽關係和信賴的責任感。從正式接觸那一刻起，你們就是同一陣線的戰友，要隨時隨地關切交付的任務，共同深入討論整個印刷案的色彩、規格、提案等各種相關事宜；但是請記住，有關色彩方面的問題一定要最先提出，並獲得解決，因為假使色彩問題不能得到清晰的共識，一旦正式上機印刷後再來修正，此急就章的結果常常令人失望，也會造成金錢與時間之損失，不可不慎！

一些詢問印刷廠或業務代表的問題：

1. 我可以參觀貴公司的廠房設備嗎？
2. 貴公司是否有上機前的「校對確認手續」？
3. 我可以與貴公司的印前部門連絡嗎？
4. 貴公司如何收款？
5. 貴公司所用的打樣系統是那一種？
6. 貴公司所用的印刷機是那一種？
7. 你曾經經手過那些重大的印刷案？
8. 如果貴公司已經承攬超量的印刷案，會事先告知客戶嗎？
9. 你們能否提供拼大版的參考樣本，以作為多頁印物設計時的參考？
10. 貴公司曾經印製過與我的案子相同，或相似的印刷品嗎？
11. 能否讓我看看那些存檔的樣本或打樣？
12. 如果在作業進行中有規格變更，你們如何處理？如何計費？
13. 萬一紙張有瑕疵影響印刷品質，貴公司如何處理？
14. 如果客戶對成品不滿意要求重印，貴公司如何處理？
15. 貴公司確保能在既訂之時間準時交貨嗎？
16. 貴公司如何處理印物之運送？
17. 印物運送要另外收費嗎？
18. 你希望設計者如何與你配合？

促成每一件彩色印刷品成功的最主要的因素，就是設計者與印刷廠之間的不斷討論與溝通。以這兩組雙面的摺頁為例，雖然看似簡單的印刷品，卻經過無數次的討論、修正與評估，是設計者、印刷業務代表與委印客戶三者最完美成果。

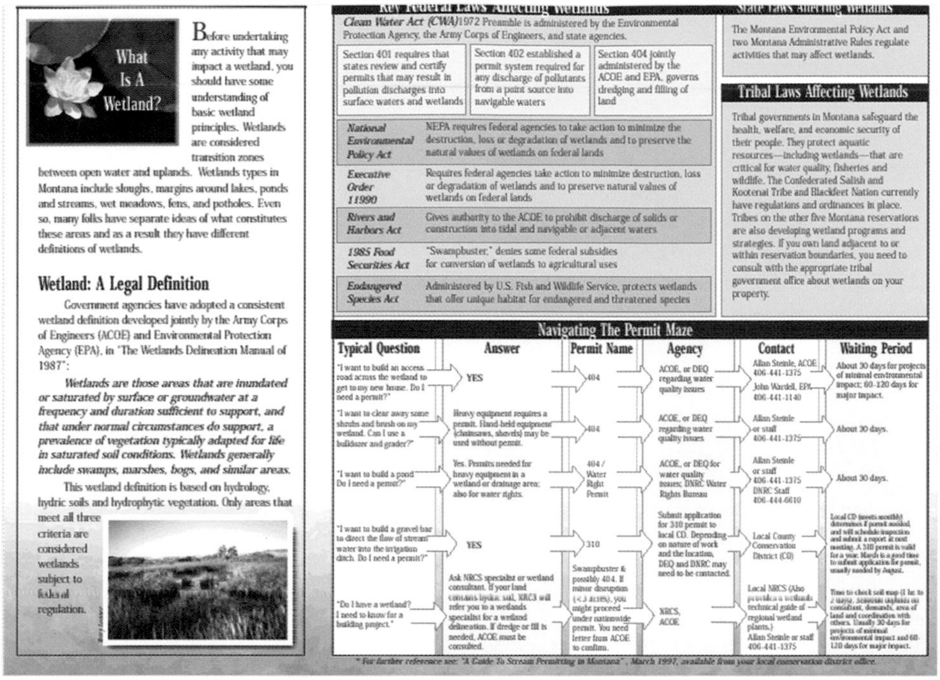

What Is A Wetland?

Before undertaking any activity that may impact a wetland, you should have some understanding of basic wetland principles. Wetlands are considered transition zones between open water and uplands. Wetlands types in Montana include sloughs, margins around lakes, ponds and streams, wet meadows, fens, and potholes. Even so, many folks have separate ideas of what constitutes these areas and as a result they have different definitions of wetlands.

Wetland: A Legal Definition

Government agencies have adopted a consistent wetland definition developed jointly by the Army Corps of Engineers (ACOE) and Environmental Protection Agency (EPA), in "The Wetlands Delineation Manual of 1987":

Wetlands are those areas that are inundated or saturated by surface or groundwater at a frequency and duration sufficient to support, and that under normal circumstances do support, a prevalence of vegetation typically adapted for life in saturated soil conditions. Wetlands generally include swamps, marshes, bogs, and similar areas.

This wetland definition is based on hydrology, hydric soils and hydrophytic vegetation. Only areas that meet all three criteria are considered wetlands subject to federal regulation.

Key Federal Laws Affecting Wetlands

Clean Water Act (CWA) 1972 Preamble is administered by the Environmental Protection Agency, the Army Corps of Engineers, and state agencies.

Section 401 requires that states review and certify permits that may result in pollution discharges into surface waters and wetlands

Section 402 established a permit system required for any discharge of pollutants from a point source into navigable waters

Section 404 jointly administered by the ACOE and EPA, governs dredging and filling of land

National Environmental Policy Act	NEPA requires federal agencies to take action to minimize the destruction, loss or degradation of wetlands and to preserve the natural values of wetlands on federal lands
Executive Order 11990	Requires federal agencies take action to minimize destruction, loss or degradation of wetlands and to preserve natural values of wetlands on federal lands
Rivers and Harbors Act	Gives authority to the ACOE to prohibit discharge of solids or construction into tidal and navigable or adjacent waters
1985 Food Securities Act	"Swampbuster," denies some federal subsidies for conversion of wetlands to agricultural uses
Endangered Species Act	Administered by U.S. Fish and Wildlife Service, protects wetlands that offer unique habitat for endangered and threatened species

State Laws Affecting Wetlands

The Montana Environmental Policy Act and two Montana Administrative Rules regulate activities that may affect wetlands.

Tribal Laws Affecting Wetlands

Tribal governments in Montana safeguard the health, welfare, and economic security of their people. They protect aquatic resources—including wetlands—that are critical for water quality, fisheries and wildlife. The Confederated Salish and Kootenai Tribe and Blackfeet Nation currently have regulations and ordinances in place. Tribes on the other five Montana reservations are also developing wetland programs and strategies. If you own land adjacent to or within reservation boundaries, you need to consult with the appropriate tribal government office about wetlands on your property.

Navigating The Permit Maze

Typical Question	Answer	Permit Name	Agency	Contact	Waiting Period
"I want to build an access road across the wetland to get to my new house. Do I need a permit?"	YES	404	ACOE, or DEQ regarding water quality issues	Allan Steinle, ACOE 406-441-1375; John Wardell, EPA 406-441-1140	About 30 days for projects of minimal environmental impact; 60-120 days for major impact.
"I want to clear away some shrubs and brush on my wetland. Can I use a bulldozer and grader?"	Heavy equipment requires a permit. Hand-held equipment (chainsaws, shovels) may be used without permit.	404	ACOE, or DEQ regarding water quality issues	Allan Steinle or staff 406-441-1375	About 30 days.
"I want to build a pond. Do I need a permit?"	Yes. Permits needed for heavy equipment in a wetland or drainage area; also for water rights.	404 / Water Right Permit	ACOE, or DEQ for water quality issues; DNRC Water Rights Bureau	Allan Steinle or staff 406-441-1375; DNRC Staff 406-444-6610	About 30 days.
"I want to build a gravel bar to direct the flow of stream water into the irrigation ditch. Do I need a permit?"	YES	310	Submit application for 310 permit to local CD. Depending on nature of work and the location, DEQ and DNRC may need to be contacted.	Local County Conservation District (CD)	[illegible]
"Do I have a wetland? I need to know for a building project."	Ask NRCS specialist or wetland consultant. If your land contains hydric soil, NRCS will refer you to a wetlands specialist for a wetland delineation. If dredge or fill is needed, ACOE must be consulted.	Swampbuster & possibly 404. If minor disruption (<.3 acres), you might proceed under nationwide permit. You need letter from ACOE to confirm.	NRCS, ACOE	Local NRCS (Also provides a wetlands technical guide of regional wetland plants.) Allan Steinle or staff 406-441-1375	[illegible]

* For further reference see: "A Guide To Stream Permitting in Montana", March 1997, available from your local conservation district office.

Why Are Wetlands Important?

For decades, we were unaware of the critical functions wetlands perform. In this new century, we understand the importance of keeping natural wetland systems healthy. Montana's remaining wetlands are essential to waterfowl, shorebirds, and other wildlife, water quality, and for providing flood control.

What About Artificial Wetlands?

The Natural Resources Conservation Service (NRCS) defines an artificial wetland as land that was not a wetland under natural conditions, but now exhibits wetland characteristics due to human activities. Human-induced wetlands, like those under irrigation, may meet the requirements of wetlands by water, soils, and vegetation.

It is possible that artificial wetlands may not be subject to provisions of the NRCS Swampbuster Program, but be regulated by the ACOE under Section 404 of the Clean Water Act. The ACOE decides, on a case by case basis, if a human-induced wetland is subject to protection.

Wetlands And Water Rights

Although you may desire an artificial wetland, will you have a water right for the water in that wetland? Unless you have a valid water right, your use of water for that wetland may not be protected against others who desire the use of that water. A water right gives you a property right (and a priority date) that is valid in state Water Court. The Montana Department of Natural Resources and Conservation (DNRC) has jurisdiction over the issuance of new water use permits, as well as changes of existing water rights to new uses. To find out more about water rights, and whether you have, or can obtain, a water right for an artificial wetland, contact your nearest DNRC Regional Office.

For More Information

Or to request additional materials on wetlands and wetland-related programs available in the state, contact the Montana Watercourse at 406-994-6671.

You may reproduce or copy any portion of this brochure by notifying the Montana Watercourse at the above number. Please acknowledge this publication as the source.

printed on recycled paper

Produced By

Montana Watercourse
P.O. Box 170575
Montana State University
Bozeman, MT 59717
406-994-6671

Funding was provided by the Environmental Protection Agency, Wetlands Grant Program of the Montana Dept. of Environmental Quality.

Copyright. All rights reserved. Printed in the United States of America August 2000

WETLAND LAWS, PERMITS AND REGULATIONS

Navigating The Maze

Often seen as wastelands, an estimated 25% of Montana's wetlands have vanished in the last century and a half. We now realize that wetlands are critical natural resources.

As our appreciation of wetland functions and values has increased, so has society's commitment to protecting them. Our laws express that commitment, and government regulations help us to implement the laws. This brochure describes wetland protection laws and provides a chart to help you find your way through the sometimes-complicated wetland permitting process. By working together, perhaps we can build a legacy of wetland gains to correct our historic losses.

Wetlands Losses (1780 - 1980)

Alaska is famous for the rugged beauty of its mountains, rivers, and coastlines, as well as for the distinctive arts and crafts produced by Alaskan Native artisans. If you are considering purchasing a Native-made art or craft item, it's smart to invest a little time learning about the processes and materials Alaskan Natives use to make these unique and beautiful objects.

Identifying Arts and Crafts Made by Alaskan Natives

Any item produced after 1935 that is marketed with terms like *"Indian," "Native American"* or *"Alaska Native"* must have been made by a member of a state or federally-recognized tribe or a certified Indian artisan. That's the law.

A certified Indian artisan is an individual certified by the governing body of the tribe of their descent as a non-member Indian artisan. For example, it would violate the law to advertise products as *"Inupiaq Carvings"* if the products were produced by someone who isn't a member of the Inupiaq tribe or certified by the tribal governing body as a non-member Alaskan Native artisan of the Inupiaq people.

Qualifiers like *"ancestry," "descent"* and *"heritage"* – used in connection with the terms *"Indian,"* or *"Alaskan Native"* or the name of a particular Indian tribe – don't mean that the craftsperson is a member of an Indian tribe or certified by a tribe. For example, *"Native American heritage"* or *"Yupik descent"* would mean that the artisan is of descent, heritage or ancestry of the tribe. These terms may be used only if they are truthful.

Buying Tips

Alaskan Native arts and crafts are sold through many outlets, including tourist stores, gift shops, art galleries, museums, culture centers, and the Internet. Here are some tips to help you shop wisely:

- Get written proof of any claims the seller makes for the authenticity of the art or craft item you're purchasing.
- Ask if your item comes with a certification tag. Not all authentic Alaskan Native arts and crafts items carry a tag. Those that do may display a ***Silver Hand*** symbol. This label features a silver hand and the words, *"Authentic Native Handicraft from Alaska."* The ***Made in Alaska*** emblem is another symbol you may find on some Alaskan-made products. This emblem certifies that the article *"was made in Alaska,"* though not necessarily by an Alaskan Native.
- Get a receipt that includes all the vital information about the value of your purchase, including any oral representations. For example, if a salesperson tells you that the basket you're buying is made of baleen and ivory and was handmade by an Inupiaq artisan, insist that the information is on your receipt.

It can be difficult to distinguish arts and crafts produced by Alaskan Natives from items that are imitations. Price, materials and appearance are important clues to provenance.

- **Price** – The price of a genuine Alaskan Native art or craft item should reflect the quality of craftsmanship, the harmony of the design and the background of the artisan. Genuine pieces produced by skilled Alaskan Native artisans can be expensive.
- **Type of materials** – Materials often used by Alaskan Native artisans include walrus ivory, soapstone, argillite, bone, alabaster, animal furs and skin, baleen and other marine mammal materials.
- **Appearance** – Try to pick up and examine a piece before purchasing it. Some items that appear to be soapstone carvings actually may be made of resin. Real stone is cool to the touch; plastic is warm. Stone also tends to be heavier than plastic. And a figure that is presented as hand-carved probably isn't if you see or can order 10 more like it that are perfectly uniform or lack surface variations.

Alaskan Native Carvings

Sculptures and carvings by Alaskan Natives vary in size, and usually portray animals or Alaskan people. Before you buy a carved figure, learn about the different mediums that are commonly used. It can help you spot a fake.

Walrus Ivory is one of the more popular and expensive mediums used in Alaskan sculptures. In carvings, *new ivory* often has "breathing cracks," or thin black lines that occur naturally and should add to the beauty of the piece. These lines are caused by abrupt changes in temperatures that the walrus experiences when moving from warm rock "haul-outs" to the icy waters of the Arctic region. By law, new walrus ivory may be carved only by an Alaskan Native and it may be sold only after it has been carved. *Old ivory* can be carved by non-Natives. *Fossil ivory* also may be used, though it is both more rare and more expensive. Because of the differences in the fossilized ivory, no two carvings have the same design or color.

Soapstone is a soft rock with a soapy feel. It's popular with Alaskan Native artists because it's widely available and easy to carve. Soapstone ranges in color from gray to green, and while it scratches easily, it also resists acids, chemicals and heat.

Argillite is a compact rock used primarily by the Haida people of Alaska. It usually has a grayish-brown color and is smooth to the touch.

Bone, usually from whales and other marine animals, is used to create carvings and masks. Bone masks are made from the vertebrae or disk of the Bowhead whale. The color of bone masks ranges from light tan to dark brown. Bone carvings also are used as a way to express the Alaskan Native "way of life." Bone items resemble ivory, but are less expensive.

Alabaster, often a white or translucent stone, also is used as a sculpture medium by Alaskan Natives. Alabaster used in Alaska is imported.

Beyond Carvings

Alaskan Native artisans also produce baskets, dolls, drums, masks, prints, and etchings.

Baleen, also called whalebone, is a flexible material from the jaw of baleen whales. It is used to weave baskets and make etchings. Alaskan Native etchings often portray stories from the artist's unique culture; they're done in a style similar to the scrimshaw technique Boston whalers used in the 1800's.

Alaskan dolls are handcrafted by many Alaskan Native women and reflect unique styles. Dolls often portray the activities of the artist's people. Typically, a doll's clothes and body are made from calf skin (calf skin has taken the place of caribou/reindeer hide materials and is not native to the area), mink, badger, sea otter, arctic rabbit, seal, or beaver. In many dolls, dried marine mammal intestine (which sometimes is bleached naturally in cold temperatures and sun so that it is very white, or has a slight yellowed wax paper look to it) is used for clothing. The hair often is made from musk oxen, and some artists use baleen or ivory for the eyes.

Alaskan Native prints are produced using a variety of techniques. ***Serigraphy***, also called ***screen printing*** or ***silk screening***, involves printing through a surface, similar to a stencil technique. ***Relief print making*** is done from a raised surface, like a cut stone or wood block; ***intaglio print making*** is created using the recessed image from the surface of etchings or engravings on metal plates of copper and tin. ***Lithography*** involves the artist using a grease-water technique to apply a variety of colors to the etched design on stone or metal plates.

For More Information

To learn more about Alaskan Native arts and crafts, contact:

Alaska State Council on the Arts
411 West 4th Avenue, Suite 1E
Anchorage, AK 99501-2343
907-269-6610; fax: 907-269-6601
Toll-free: 1-888-278-7424
www.aksca.org

Where to Complain

The FTC works for the consumer to prevent fraudulent, deceptive and unfair business practices in the marketplace and to provide information to help consumers spot, stop and avoid them. To file a complaint or to get free information on consumer issues, call toll-free, 1-877-FTC-HELP (1-877-382-4357), or use the complaint form at **www.ftc.gov**. The FTC enters Internet, telemarketing, identity theft and other fraud-related complaints into Consumer Sentinel, a secure, online database available to hundreds of civil and criminal law enforcement agencies in the U.S. and abroad.

The **Indian Arts and Crafts Board** refers valid complaints about violations of the Indian Arts and Crafts Act of 1990 to the FBI for investigation and to the Department of Justice for legal action. To file a complaint under the Act, or to get free information about the Act, contact the Indian Arts and Crafts Board, U.S. Department of the Interior, 1849 C Street, N.W., MS 4004-MIB, Washington, D.C. 20240; 202-208-3773; www.iacb.doi.gov.

Complaints to the IACB must be in writing and include the following information:

- The name, address and telephone number of the seller.
- A description of the art or craft item.
- How the item was offered for sale.
- What representations were made about the item, including any claims that the item was made by a member of a particular tribe or statements about its authenticity.
- Any other documentation, such as advertisements, catalogs, business cards, photos, or brochures. Include copies (NOT originals) of documents that support your position.

The **Alaska Attorney General's Office** investigates unfair and deceptive marketing and sales practices in Alaska. To obtain a complaint form, contact the Office of the Attorney General, Consumer Protection Unit, 1031 West 4th Avenue, Suite 200, Anchorage, AK 99501; 907-269-5100; or use the complaint form at www.law.state.ak.us/consumer/index.html.

The Alaska State Council on the Arts, the Federal Trade Commission, the U.S. Department of Interior's Indian Arts and Crafts Board, and the Alaska Attorney General's Office have prepared this brochure to help enhance your appreciation for Alaskan Native arts and crafts.

March 2002

Alaskan Native Art

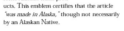

印刷業務員都應隨時提供與此印刷案相同，或相似的印刷品之樣本，給設計者作參考。如果你的設計案是摺頁或小冊，應該索取如圖的樣品。記住，業務員展示的樣品通常是該印刷廠比較優良的成品。

小幫手

印刷業務代表是以印刷廠名義來幫助你，不是來迴避你。假使你發現他不負責任，無法替你解決印刷方面的問題，絕對不要客氣，請公司另換其他業務員。

追求精打細算的利益是生意的木質，任何買方與賣方的溝通，若轉譯成通俗的生意字眼，就是減少時間浪費，增加利潤回收；印刷業與其他任何一種專業一樣，若從相互共存的角度來看，的確是如此。所以建立開放、誠實的溝通環境是首要之務，在這種條件下，當事三方：設計者、客戶、印刷業務員，可以就該印刷案所有的問題，如色彩、訴求重點、加工、規格、運輸等，盡量提出口頭討論；印刷是一個繁瑣、複雜的專業過程，任何料想不到的差錯都可能發生，所以事前的三方討論次數越多越好，而且討論要分散於各個階段，不能厚此薄彼， 切溝通作業的目的，無非是為了將可能之錯誤降至最低。

樣品

為了更深入瞭解初次合作之印刷廠的配合度，你有權利向他們索取一些與此印刷案相同，或相似的印刷品之樣本或打樣以作為參考。大多數印刷業務員都會收集該公司曾經製作的印物成品，但並非都適合作為此案的參考樣本，這時候你應該堅持提出要求，畢竟業務員都已經很習慣客戶提出這類索求，所以你也不必感覺不好意思。萬一他斷然拒絕，那你應該考慮另覓印刷廠了。

索求一張如圖示中的彩色打樣和印物樣品，來作評鑑該印刷廠的參考資料，並非過分要求。當然印刷廠通常會要求看後歸還，所以你要在現場仔細比對檢視，以作為審慎選擇合作印刷廠的重要依據之一。

標準化

印刷工業一直承續不斷創新、不停精進的傳統美譽，可是卻一直抗拒「標準化」；然而在此行業裡，「標準化」一詞一直被扭曲誤解，以致失掉字意上其最基本的精神，所以會產生許多似是而非的傳言，例如：不滿意的印物重新印製之額外費用，是原價的百分之十至十五；百分之十的誤差值是正常的；或是不明原因的色調偏差是合理的…。由於每一家印刷廠都是獨資經營，很少有聯合統一的營運策略，再加上市場競爭激烈，所以造成諸侯割據的現況。他們都認為「標準化」即代表削弱競爭力，因此標準化一直無法在印刷業界推行。現在你與合作的印刷廠，是創造印刷工業標準化的先驅者。

責任歸屬

當印物出現錯誤時，位於製作最後端的印刷廠，時常成為眾人指責的目標，其實有失公平，應該仔細剖析錯誤形成的原因，才能決定責任歸屬誰，雖然印刷錯誤偶爾發生，但不盡然是印刷廠的疏忽。有時完稿無誤、打樣正常，可是紙張規格不對、紙張庫存不足等因素，還是會讓影響整個生產線之正常運作。當錯誤發生時不經查證就妄加臆測，是不應該的作法。印刷多少都會出點無法預測的狀況，唯有事先不斷地溝通討論，才能降低錯誤發生的機率和程度。

變更規格

印刷過程中改變規格並非鮮事，因此在與業務員接洽時，應未雨綢繆盡速與之討論變更規格的相關事宜。有些居心不良的印刷廠，會有意地降低價格以爭取生意，一旦工作得手後便開始在每一個階段巧立名目加收費用，當然「變更規格」更不會輕易放過。所以凡事要先想清楚，確實得到滿意的答案，不可含糊不清、模稜兩可，最後吃虧者總是自己。例如，有些客戶認為，所有經費應包括印刷廠將成品運送至多個指定點之運輸費用，但是一般行情並非如此。又假使一個彩圖裡有一個簡單的色彩錯誤必須修正，有些印刷廠會堅持客戶支付整套重新打樣的經費；某些印刷廠卻可以依其公司的規定，作適當之免費重做。諸如此類的認知落差是可以預先溝通的，糾紛自然會減少。

如果雙方有任何印物規格變更，一定要填寫變更規格單，並經雙方簽字認可以示負責，一方是為了減少不期而遇之錯誤發生，另一方面也表明你的專業素養與態度。優良的印刷廠對非因本身之錯誤，所造成的工時與材料之損失，絕對有要求賠償的權利；但也絕對不會趁火打劫、亂敲竹槓。

Client: Job No:

Project:

Date:	AA/HE:	By(Init.)	Description	Amount of Time Spent:	Date:	By(Init.)	Price:

Faxed to Client: Date: Time:

Faxed By:

CLIENT SIGNATURE:

(Please Sign and Fax back as soon as possible)

Original Price:

Total Additional Charges Itemized:

TOTAL AS OF THIS C.O. FORM:

印前與打樣標準

所有印刷廠在作業務簡報時，都會不遺餘力塑造高品質的企業意象，讓客戶信服其執行能力，以爭取生意機會，他們一定會展示樣品、打樣張，並強調其所使用的打樣系統；印刷廠通常都忠於某一廠牌或型式的打樣系統，一但熟悉該設備的操作特性以後，大概就不會隨意更換了，尤其是新式數位直接製版系統，因為設置整套設備的投資經費相當龐大，印刷廠一定投入很多心力讓其順利運作，一個擁有這類印前與打樣標準設備的印刷廠，是設計者樂於把工作交付他們執行的主要原因之一。

輸出中心

一些中小型印刷廠仍然將掃描、打樣等印前作業工作，交給輸出中心處理。這種服務存在一些盲點，因為輸出中心所面對的客戶來自四面八方，實在很難逐一瞭解每家印刷廠的後端製作之方式與設備之限制，輸出中心為了滿足大多數人的普遍需求，於是在作業時不可能考慮個別差異，一律採用最大公約數的設定值處理，這種輸出物件之品質就要大打折扣了；這就是為什麼一直強調，要向印刷廠索取樣品與樣品之打樣的原因。由於印前作業完全委外處理，輸出中心無法掌控印刷廠的設備變數或參數，所以要印刷廠完全再現輸出物的面貌幾乎不可能，此種期待的落差是紛爭的原因之一。身為設計者，你有權知道印刷廠的印前作業之處理狀況，以決定是否能把工作安心地交給這家印刷廠。

輸出中心之未來展望

所有印刷廠都知道，如何使打樣與成品間的差距盡量減小，建立客戶的信心，滿足客戶的要求，是在目前市場競爭越趨白熱化，維持生意不墜最主要的原因。因此莫不卯足勁增購設備、訓練人員，期能吸引更多的工作機會；不幸的這也是傳統印前作業中心日趨凋零的原因。

近幾年數位輸出中心如雨後春筍般蓬勃發展，為印刷廠與設計者提供廣泛的印前作業服務。輸出中心內的軟硬體設備都相當昂貴，必須全天候運轉才有可能維持開銷，賺取利潤，這種投資不是一般中小型印刷廠有能力負擔，再加上目前市面上中小型印刷廠數量很多，形成一個潛力無窮的市場。而印刷廠在經濟策略考量，則傾向致力把資金投注在印刷機與其他加工機具上；一個分工合作的局面已經逐漸形成。

這兩幅圖例說明了一個情形：上幅是委由輸出中心外製的彩色打樣，其色彩之表現都很理想；下幅則是印刷廠所印製的成品，色調呈現非常失敗。印刷廠的製作能力，與輸出中心的處理能力相去太遠，兩者無法配合，印刷廠需要大力全面調整。

數位無網片製版技術更直接衝擊印前輸出市場，因為如果印刷廠投資購置「數位無網片製版系統」，大概也都會購買與此系統連線的「直接打樣系統」，此種新生產線架構，必定削弱印刷廠與輸出中心之互相共生關係，影響市場生態。

越來越多使用電腦作業的設計者，也逐漸部分抽離印前輸出市場，由於相關軟硬體設備品質提高，而且價格降低，許多設計者已經不把中階的掃描工作外送輸出中心代工，而是在家用桌上型的設備自己處理。

不過印前處理中心還是有存在之空間，需要高階輸出作業的設計者和印刷廠，還是得依賴它們。對設計者而言，維持這層良好關係，是取得高品質數位檔案的保證，此有助於承接的印刷廠印製優秀成品；尤其是設計師的工作室與印刷廠相距很遠時，一件完整無缺的數位檔，可以減少雙方來回奔波之辛苦，降低訊息傳遞錯誤之機會。對本身尚無建置印前處理系統的小型印刷廠而言，印前輸出中心還是扮演非常重要的角色，它是印刷廠唯一轉換數位檔案的地方。

今天印前處理中心與輸出中心的技術不斷朝向更精確更快速的目標演進，雖然目前較老式的輸出作業還是主要大宗，但是將來無版印刷逐漸盛行以後，它們未來的市場潛能卻是無可限量，前景值得期待。

印前處理中心與輸出中心的滾筒式掃描機，仍然是高階圖像掃描的主要設備，其精緻豐富的影像品質，是目前其他掃描機器無法比擬的。圖中為技術人員正在安裝掃描滾筒。（美國 海德堡公司／圖）

掃描技術人員正在使用色彩校正系統，為影像調整色調。（美國 海德堡公司／圖）

彩色掃描：
自己作，還是找代工？

近幾年來，低階桌上型平台式掃描機的功能與日俱增，已成為設計工作室必備的周邊設備之一。不過高階滾筒式掃描機，因為具有高性能的色彩校正能力，能產生高解析、豐富層次、忠實色調的數位影像，所以它仍然受設計師與印刷廠之青睞。如果你要求的是中、低階影像品質，那麼一般桌上型平台式掃描機就可勝任，不過作為彩色印刷的原稿圖像，建議還是送交輸出中心以滾筒式掃描機處理為宜。如果無法確信輸出中心的服務品質，不妨先在自家以平台式掃描機處理後，再將原圖送交輸出中心以高階掃描機再處理，取回後試比較其品質，確定可信任後，再發展長期合作關係。

如圖所示的低階桌上型平台式掃描機，是任何設計工作室都有能力購置的設備。大多數中、低階影像都可以自行掃描。不過如果需要的是高解析度、影質細膩的影像，平台式掃描機還是無法勝任，最好是送交輸出中心以高階滾筒式掃描機處理。（美國海德堡公司／圖）

印刷廠現場情況，大概可作為將來你的印刷品會被如何處理之重要指標。印刷機骯髒乃屬必然的說法是無稽之談，優秀的印刷廠以擁有井然有序的工作環境為榮，相反地，粗劣的印刷廠不會重視工作環境品質。（美國 海德堡公司／圖）

參觀印刷廠

有些不肖的印刷廠會有投機取巧的作法，他會精選印刷效果最好的幾份成果樣品，交給客戶過目交差了事，將其他不會被檢查到的印物，運送到指定的倉儲準備分發。劣質的印物俯拾皆是，充斥整個社會，不僅浪費金錢也浪費資源。你應引以為鑑，不要讓自己的作品淪為這地步。

在與印刷業務員洽談以後，緊接著可以要求參觀該印刷廠。一家優良的印刷廠必定以其擁有的軟硬體設備為榮，應該也歡迎任何人蒞臨參觀。有些全國性的印刷企業聯盟，在各地派駐區域業務代表，專門負責該地區相關業務，所有印刷案都經由調度中心轉送作業排程中之某一印刷廠；如果你的個案無須最後校審，這種作業方式可以節省很多開銷。唯一冒險的是，也許業務員讓你看的樣品是經過精挑細選的少數成品，並不足以顯現該印刷廠的平均品質水準，無法保證你的選擇是正確。

從印刷廠的現況大概就能略知整個工廠的運作情形與品質控管的能力。僅管業務員西裝革履，能說善道，可是一旦帶你進入參觀的工廠卻是髒亂無序，此時你就要有所警覺了！參觀現場尚有一好處，就是可順道拜訪業務部主管；應該與業務經理建立良好溝通管道，提高洽談層級，日後當可以更方便提出業務員無法解決的問題，並獲得更好的協助。

忙碌的印刷廠每天處理過千千萬萬張的印紙，遲早都會在地板上留下許多廢紙，清理這些會妨礙工作的棄物，是工廠主管與工作人員責無旁貸的責任。暢通無阻的走道、充足的光線、良好的空調、親切的工作人員，是運作優異的印刷廠之象徵，也是說服設計者最有力的條件。（美國 海德堡公司／圖）

在參觀印刷廠的過程中，應特別注意看疊紙墊板上已經印好的紙張，是否有如圖中所示，堆疊那樣整齊不紊？從此小細節就可窺知印刷廠是否會小心善待你的作品。（美國 海德堡公司／圖）

印刷設備調整與維護

唯有印刷廠設備經常維護與調整，讓機器保持最佳狀態，再加上經驗老道之技師的洞察力，才有可能獲得最好的印刷品質。印刷工業技術的發展大都把焦點集中於生產線前端，印刷機的大幅度翻新尚未發生，雖然近年來印刷機製業在設備上也研發了許多改良功能，但是印刷機其實還是保留當初設計時最基本、最重要的功能，那就是：如何精確控制油墨出量，讓它能在微薄的一張印紙上，盡可能重現圖文原稿的本來面貌。

印刷機可以說是目前科技世界中，最耐用、最堅固、最長壽的機器，有些在1960年代生產的印刷機，到現在仍然順利運作，甚至還可轉手買賣。例如，我認識很久的一個合作印刷廠，雖然它的機器都很老舊，可是保養得非常好，直到最近才再添購兩件1964年的產品，一是半色調網點輸出系統，另一是40英吋兩色印刷機。優秀的印刷品質，一向與機械設備的年齡、型式、價格，沒有絕對的相等關係。我們看過太多這類的例子，有些成品是由三、四十年的老機器印製，它們的品質卻不輸最新式印刷機所生產的成品。

印刷設備調整與維護的關鍵人物，就是熟悉該每件印刷作業的細節與要求的操作技師和工廠領班。他們只要瞄一下印刷機的送紙處與收紙處，或解讀各種儀錶的數字，即刻瞭解這台機器的狀態訊息。經驗豐富的技術師知道如何判定油墨濃度，解讀彩色導表和各種蛛跡馬絲之現象，來發現即將產生的錯誤，並予快速排除。有些老練的師傅甚至可以藉由傾聽機器的運轉聲，來判斷運作是否正常。

數位無版印刷

數位無版印刷可說是印刷科技界的工業革命，今天無論在印刷速度、印刷品質與印刷觀念等方面之發展，都已經到了一個日新月異的地步。數位無版印刷無須經過網片、拼版、晒版等手續，即可將磁片上的圖紋數位資料，直接列印成印物，其品質與彩色表現和傳統印刷已無差距。數位無版印刷具有少量多樣化、立即性的特色，可按個人需求隨時印製短版印刷品。這種印刷技術無疑地已經以其令人讚嘆的高解析度影像品質，推開了個人化印刷市場的大門。

圖中所示為「海德堡Digimaster」黑白無版印刷系統。個人化印刷設備可輕易地把磁片上的圖文數位資料，迅速地直接列印成印物。此系統具有少量多樣化、立即性的特色，可按個人需求隨時印製短版印刷品，並可依時空變化不斷更新磁片上的資料，以應下次列印之內容修正。（美國 海德堡公司／圖）

海德堡生產的Nexpress高級彩色數位無版印刷系統，可以直接把磁片上的數位資料，迅速地以600dpi的高解析度印製成品。適用的印刷品如 :餐廳菜單、少量產品手冊、少頁書冊、提案報告、公司簡介等。（美國 海德堡公司／圖）

數位無版印刷（CTP）之概念

由於各式各樣的新穎軟硬體不斷推出市面，數位無版印刷（CTP）之概念也隨之不停地改變。今天幾乎所有的印刷或多或少都與「數位化」有關，例如，設計稿是以電腦軟體製作，印前作業的列印校稿、網片輸出、數位打樣、無網片製版等，都是在電腦上處理。設計者身處如此一個變化多端的數位科技世界裏，有必要對數位無版印刷（CTP）作深入的瞭解。

數位無版印刷術萌發於1980年代初期，但直到1991年海德堡公司推出第一台商用的數位無版印刷機後，數位無版印刷才正式踏入量產的時代。它滿足了逐漸個人化、自主化、少量多變、精緻不俗的消費型態潮流，所以這股印刷術革命必定會成為未來市場的主流之一。

數位無版印刷最大的方便處是「小印量」，有別於傳統印刷必須量產的成本考量限制，由於目前有許多屬於小量印刷的市場例如餐廳之菜單、小型企業之年報等，它們不需要動輒上千份之印物，所以能提供少量多變化的數位無版印刷，便是其最佳選擇，最重要的是數位無版印刷所製作的成品之品質，與傳統印刷不相上下。

圖中所示就是一台舊式手動的印刷機，就某一層面的定義而言，它也應用了無版印刷術，圖紋是以木板刻製，文字則是以鉛字排版。其操作完全依賴手工，當然運轉速度一定很慢，兩個星期的工作量若以目前數位無版印刷機處理的話，只需十五分鐘就可完成。（美國 海德堡公司／圖）

數位無版印刷術的另一個好處，就是圖與文可以分開處理，最後要正式輸出時再整合一起，此點對打樣階段的作業非常方便。文案內容可先輸出打樣張作為校正稿，同時把已經確定的數位圖像，用鐳射光束燒錄在滾筒上預先精確設定的位置上，待文稿校對無誤後，圖與文兩者即可快速整合並再輸出打樣張，確定無誤後就可正式印製。這種處理方法是傳統印刷無法做到的。

目前數位無版印刷機的廠牌與式樣紛陳，約有三、四十種，但歸納其原理約可區分為：鐳射電子照相印刷、發光二極體電子照相印刷、鐳射無水平面印刷、噴墨印刷等四大類。不論那一種，其主要機能與傳統四色平面印刷機相似，機器內部都有CMYK四色的印刷單元，當然每類機型依其設計原理，使用不同性質的色料、色粉或色墨。

數位無版印刷之印物品質可有多種設定選擇，從解析度1250 dpi中階畫質，到2400 dpi高階畫質，可媲美150線以上網屏的傳統印刷之印物品質。輸出尺寸從13×18英吋到40英吋全紙應有盡有。

接著我們用下圖所示的鐳射無水平版印刷機，來說明數位無版印刷的基本原理。

它是利用數位資訊來控制並排的鐳射光束，直接在塗有矽膠的印版滾筒上掃描製版，被鐳射光掃描到的區域會除去塗在上面的矽膠，產生細小凹陷版坑的印紋部份，其餘沒被掃描到的部份仍為矽膠所覆蓋，為抗油墨的非印紋部份，再將油墨塗佈在經掃描後的印版上，此時油墨將會吸附在凹陷細小版坑的印紋上，而非印紋部份因有矽膠保護將不會吸附任何油墨，最後將印版上的印墨經橡皮滾筒，再經壓力滾筒加壓、轉印到紙上。鐳射無水平版印刷中所使用塗有矽膠的印版滾筒，在滾筒中藏有一卡式的膠捲，當印版在換版時不需更換印版滾筒，即可在印版滾筒上更新矽膠層重新製版印刷，其更新換版次數可達35版以上，才需更新印版滾筒。此法可說是印刷品質最接近傳統平版印刷的數位無版印刷術；又由於此法並不使用傳統平版印刷術中的「油水不相容原理」，故整個過程中無需使用水，所以特別強調鐳射「無水」平版印刷機。

插圖為鐳射無水平版印刷機剖面簡單示意圖，大滾筒是四個印版滾筒共用的壓力滾筒，CMYK四色印刷單位分佈於壓力滾筒周圍，印紙由右至左引入印刷單位，最後疊收於收紙單位，所有單位都內封於一體。（美國 海德堡公司／圖）

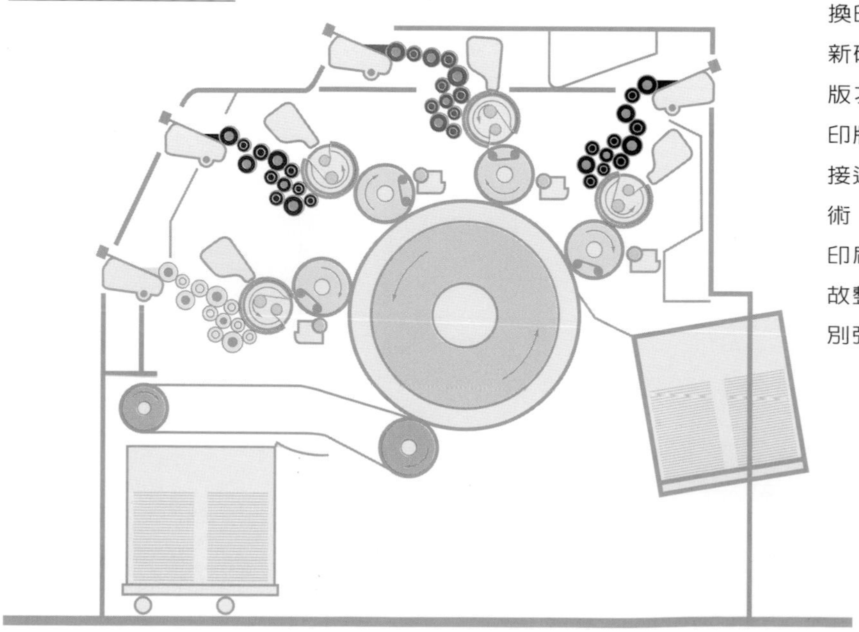

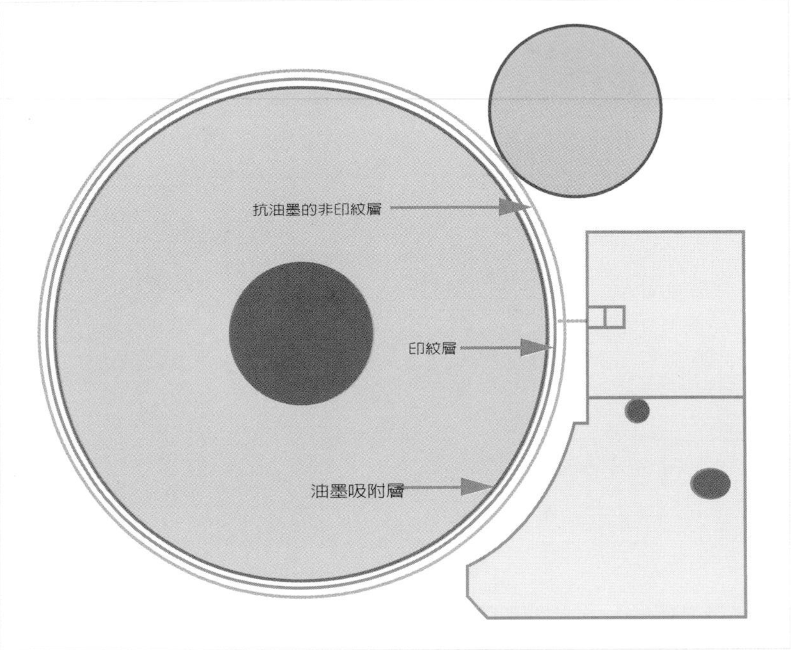

數位無版印刷系統的印版滾筒結構示意圖。印版滾筒外裹三層主要物質，圖文數位資訊轉換成鐳射光束，掃描矽膠物質便形成印紋。（美國 海德堡公司／圖）

數位無版印刷系統中用鐳射掃描印版滾筒形成印紋的原理，非常類似一般光碟燒錄機在記錄數位資料的方式。（美國 海德堡公司／圖）

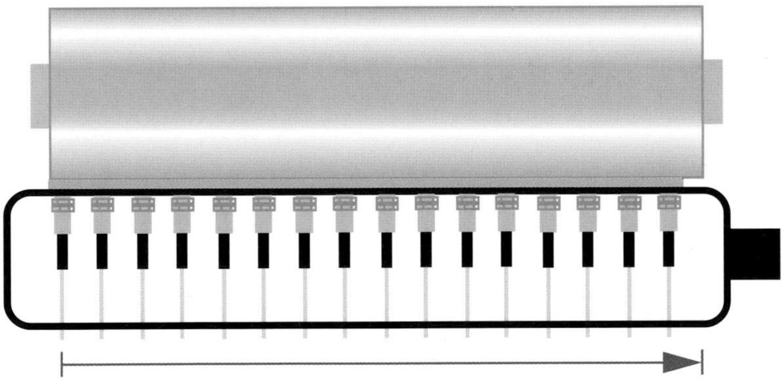

在數位無版印刷系統中，抗油性的非印紋層排斥油墨，但是油墨將會吸附在凹陷細小版坑的印紋層上。（美國 海德堡公司／圖）

數位無版印刷機無論在體型或重量上，都比傳統印刷機來得精巧，但是其印刷品質卻與之不相上下。圖中的四色印刷機可以印製高階、低價位的印品，類似此種功能的數位無版印刷機，正廣被設計者樂於採用，因為它們滿足了個人化、自主化、少量多變、精緻不俗的消費型態潮流。（美國 海德堡公司／圖）

CTP數位無版印刷系統，仍然使用與傳統四色印刷一樣的CMYK色墨原理。圖中可看到洋紅色與青色的印刷單位機件。（美國海德堡公司／圖）

小印量需求與市場展望

在數位無版印刷術尚未成熟問世前，想用傳統四色印刷方式，印製約五百份少量高階的印品，幾乎沒有人有勇氣嘗試，因為其成本太昂貴，令人望之卻步！因為不論是五百份或是五十萬份，花費在印前作業的金錢其實都一樣，如果換算成每份印物的成本，那麼小印量的成本會相對地提高甚多；這也就是傳統四色印刷無法推展小印量市場之原因。在以前，如果不得不以有限經費執行少量印刷案，其便通辦法就是簡化設計，減少頁數或開數，並把四色印刷降為單色或雙色印刷，以降低各種開銷，以期相對降低每份印物之成本。當然此種被動的權宜之計並非上策，因為會折損許多無形的創意、訴求力和價值感。

傳統印刷尚存一難題，就是無法充分掌握印物之需數量，所造成的超量印製浪費；一旦客戶不能確定數量，他常會先就降低成本條件來考慮印量，所以都採取盡量多印來的駝鳥方式來解決。如今數位無版印刷解決了此窘境，讓客戶擁有更廣闊的自主空間，只要數位圖文檔案備妥，消費者可依目前需求量身訂製印物份數，日後若有增需則再添印，不會浪費金錢與資源。數位圖文檔案也可隨時更新資料，非常經際實用。

雖然小印量市廠尚未完全打開，可是卻充滿雄厚的商機潛力，印刷設備製造商與印刷廠莫不卯足了勁，準備搶攻這塊大餅。

完稿交件需知

在完成整個設計案以後，接下來就是把完稿交付印刷廠進行印製作業。在此以前要先詳列一工作清單，仔細說明此印案的各種需求條件，作為設計者與印刷廠間溝通之書面備忘錄。工作清單的格式不一，有些印刷廠提供制式表格，有些則可接受設計者自備的格式。工作清單應該包括設計者所有的要求，而且越詳細越好，即使該要求乍看似微不足道；從來沒有人因為工作清單列舉太詳細而吃虧的，倒是有因交代不清楚而受損的個案。有人說印刷的細節多如牛毛，人腦不可能一時記住所有事情，因此預防錯誤的最佳方法，就是把所有條件事先寫下來。工作清單是保障設計者聲譽之必備工具。

設計師、印刷廠以及其他與此案相關的人員，在整個過程中應該隨時討論任何可能發生的問題，並將最後結論登錄備忘，作為日後工作清單之參考。工作清單應拷貝多份，分發給所有相關人員，務必使每人自始至終都能明瞭、掌控全局。

完稿交件時工作清單上應該有的項目

- 連絡人姓名、電話、電子郵件信箱等
- 打樣輸出中心電話、電子郵件信箱等
- 若有規格變更時，連絡人姓名、電話、電子郵件信箱等
- 作業綜合描述
- 數量
- 印物客戶可接受之最少印量
- 印物客戶可接受之最大印量
- 紙張規格
- 印墨規格（CMYK、Pantone色系、特別色、金屬色）
- 重要特別色油墨需要試調、比對色票。
- 上光加工（亮面、粗面、霧面等）
- 其他加工（軋型、壓痕、摺疊等）
- 裁切規格（完成尺寸、展開尺寸等）
- 裝訂（平裝、精裝、騎馬釘等）
- 頁數
- 出血
- 空白頁
- 完稿電子檔內每一個資料夾之內容說明
- 列印出電腦螢幕之視窗，在上面標示每個資料夾的位置與檔案目錄結構。
- 每一頁的鐳射分色打樣（包括：該頁完整打樣一份、CMYK與特別色，每一色版各一份）
- 一份該印刷案經費預算之副本，讓印刷廠確實掌握正確經費之分配。

數位印前作業部門—印刷廠的中樞

有些較具規模的印刷廠本身都設置「數位印前作業部門」，不經他手來處理所有的印前作業，這種一貫生產線的作法深得設計者喜愛，因為可以直接進入印刷廠的中樞部門，面對面與技術人員溝通，當場在電腦螢幕上作各種修正。設計者可以請求業務員引見印前作業部門人員，詢問一些相關資訊、專業知識或解答問題，例如：PDF、EPS檔案格式如何產生？裁切線與對版線的標準規格等等，只要你不恥下問，他們應該都很樂意回答。其實他們也樂意教你，因為可以為他們減少許多修改的麻煩；譬如，送來的完稿電子檔打開後發現找不到字體、圖檔連結失效、圖檔破損等等，也節省許多重作的時間，這對雙方都有好處。「數位印前作業部門」不但可替你解決印刷上的問題，也是跟隨專家學習專業知識的好地方，更是設計者充實功力的場所，因此絕對不要放棄任何與他們接觸的機會。

最終校對

在與印刷廠正式簽約進行印製前，最好先確定他們是否提供「最終校對」的動作。優質的印刷廠很願意提供這類機會，讓設計者在印件上機前做最後的校對工作，而且還主動鼓勵客戶這麼做，因為他們確信「最終校對」對其公司的品管聲譽有百利而無一弊。但是有些印刷廠確拒絕提供「最終校對」之機會，只因為其認為此舉很容易干擾工作進度，如果客戶在最後一刻要求變更內容，那麼更會拖延工作時程。當然在商言商，時間就是金錢，印刷廠通常都以此角度看待每筆生意，但是如果在可接受的條件下，卻完全不理會顧客的要求，此種不以服務理念為重的企業，最好還是不要往來，你應該另覓他處。

執行最終校對需知

- 與業務代表詳細商討有關校對的一切事宜，例如你的要求條件、印刷廠的限制規定等等。
- 確定能挪出充裕的時間安排校對作業。
- 要求在你到達現場前備妥所有相關資料，例如特別色樣、前一刷的樣本以便比對等等。
- 預留緩衝時間以應付突發事件，例如：印刷廠剛結束前一個排程，你的印案尚未登場；印版損傷必須重新製作；電源中斷、機器故障等，任何事情都有可能發生。
- 如果時間實在緊迫，要求印刷廠是否可以在晚間加班，或是明天一大早優先處理印件，等待校對人員趕往校對。

設計者在現場執行最終校對時，最重要的是隨身攜帶一支紅色簽字筆，它很適合在紙上作記註、標示，明顯的紅色筆跡很容易辨識與追蹤。不要使用紅色原子筆，因其紅色不顯眼，筆畫太細不易辨識。

強力建議設計者應隨身攜帶一個高階看片器，是校對工作不可或缺的儀器，可依個人視力微調焦距。方便精密檢視各種控制規線、符號與標記等。

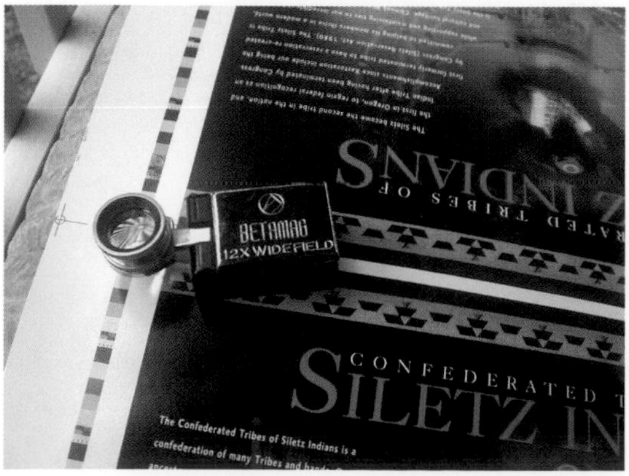

從上圖中可以輕易看出，雖然各色版的「十字對版線」都已對齊，可是反白字部分卻有對版失誤之現象；下圖是經過校對修正後，以各對齊反白字部分為基準，色版的「十字對版線」對齊與否就無關緊要了。

執行最終校對需知

此階段的校對是最後也是最重要的一次決定機會，印物上機後從此就沒有迴轉的空間，所以設計者莫不戰戰競競，備妥檢查表與工具進行此最後之挑戰。

對設計新手而言，執行最終校對是必須經歷的磨練，也是緊張的經驗；每個人都害怕在過程中有所疏忽，卻不小心簽驗合格同意書，萬一出錯便成永久笑柄。校對必須面對千奇百怪的難題，一位照章行事的設計者，絕對無法順利完成作業。想要學習校對個中之訣竅，最佳方法就是跟緊經驗豐富的老手，再多書面和口頭的傳述，比不上實際操練一遍。萬一你對校對經驗不多，一定要誠實告訴業務員請求協助，不要外行充當內行壞了大事；印刷廠和業務員一定都非常樂意協助，幫忙順利完成整個流程，為雙方節省許多時間。以下是執行最終校對時須注意之事項。

1. 遇到任何有疑惑之處，立刻拿出紅筆在其上作標記。
2. 先用手觸摸紙張，感覺其厚度是否與訂單要求的接近，接著再詢問其真正的規格數據。如果覺得有些蹊蹺，或必須確定才放心，那麼就應要求看產品標籤；不論原紙張是以任何包裝型式出廠，應該在包裝上貼有標籤，明示該紙張的詳細規格說明。送錯紙張入印刷機的例子並非鮮見，謹慎一點就可避免天大的錯誤。
3. 抽樣檢查紙外觀，看是否有污漬、壓摺、破損等異樣。
4. 先用肉眼檢查對版定位情形，對版定位失準可從許多細處窺見，例如：某一色版偏移所造成的幻影，影像外廓明顯模糊，尤其是兩形或色交界處；再使用高放大倍率看片器，再次檢查一片，勿讓失誤遁跡。
5. 利用「十字對版規線」檢查對版定位情形。其實「十字對版規線」只是方便印刷技師在印版對位調整時參考用，並不是完全為了校對檢視用。請記住，有些燒在印版上的「十字對版規線」是各取自其他印版，在加上燒製印版時，網片與印版常有絲微的位置錯動，所以偶爾會有「十字對版規線」，但是影像的各色版卻密合無誤；相反地，也有影像的各色版對版失準，但「十字對版規線」卻密合無誤。注意，「十字對版規線」只是視覺之參考，重點應該放在影像本體。
6. 用色樣或特別色票抵緊欲比對的色區，看調配的特別色是否正確。
7. 仔細檢查印紙上的圖文與色彩等要素，找出任何你覺得不滿意之處。
8. 接著針對有問題的印紙，調閱該頁的打樣張，確定在校正打樣階段時所做的修正指示，印刷廠都已經改正了。
9. 檢查裁切情行。要求技術師提供專業用直角框尺，在平面工作桌上將垂直與水平兩方向的「裁切規線」以直線連結，看此裁切線是否切到重要的印紋部份。
10. 每檢視出一張有問題的印紙，就在適當的一角標記頁碼，並彙整之以便進行下一步驟。
11. 與印刷技師、領班或經理，詳細討論每一個問題，以尋求解決之道；當然如圖像遺漏的錯誤顯而易見，直接就可指出並無討論的必要。全部校對完畢後再重頭來一次，如果修正的地方太多，一次只解決一件會令印刷技師抓狂，因為每一次修正即代表必須重新作業一次！
12. 經過許多次的校正後，印物的結果就慢慢地接近你的要求與期望。印刷設計的創意雖然很主觀，但是優秀的印刷品質確是有目可睹的，唯有不斷的與印刷廠溝通、修正、調整，才能減少印物上的錯誤，甚至達到零缺失的完美品質。
13. 當你確實十分滿意，並自認為你的客戶也會滿意了，就可以在校對印紙上簽名，認可正式上機付印。並要求帶回兩三份校對樣張備案交差。

置放在平面工作桌上的校對印稿。設計者就在此處，鍥而不舍地尋找錯誤，這是一件勞心又勞力的艱辛任務。

印刷廠是一處吵雜、緊張、快速的動態場所，對設計新手而言，會在校對進行中添加許多壓力；此時若有經驗豐富的人從旁協助，必定會有很大的幫助。

若要在校對時檢視色彩，應該在這種標準色溫光源的環境下進行；圖中所示為標準色溫光櫃。

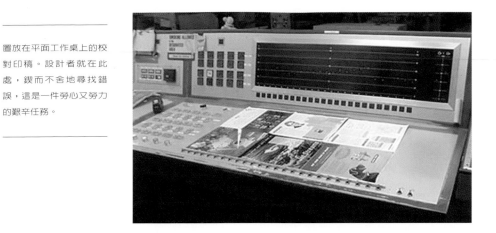

圖中所示為技術人員正使用與印刷機連線的電子儀器，微調修正對版定位與顏色。

對經常參與校對工作的設計者而言，一個清晰、精準的看片器是必備的工具，它可幫助找出印物上任何可能的錯誤。

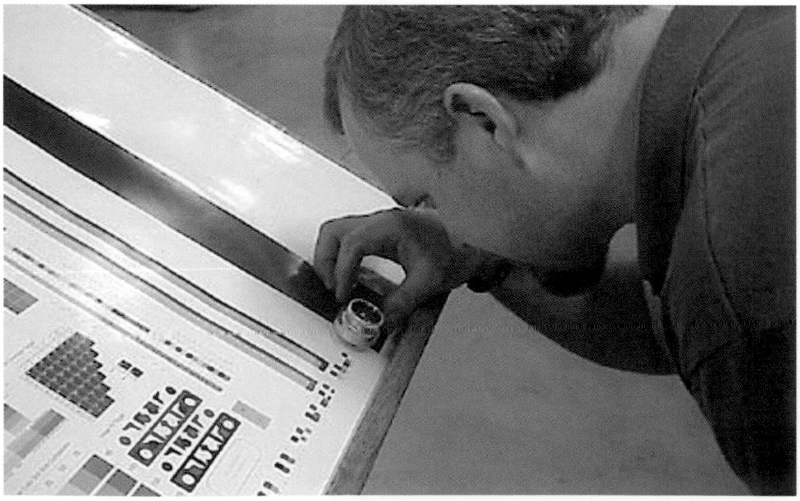

你作完每一次修正後，一定會要求印刷機跑一遍，技術師啓動機器，必須出紙數十張後才能夠取得一張可參考的樣張，此過程非常耗時且耗紙。所以應該待所有錯誤彙齊修正後，再要求一次印出參考的樣張，以減少浪費。

一分錢一分貨

經驗的取得並非全然那麼困難，所謂天時、地利、人和，正是事業順利的三大條件，在印刷業界尤其以人和最重要。如果設計者與業務員已經建立良好的互信關係，找到的印刷廠配合度很高，也信任他們會竭盡所能讓工作盡善盡美，那麼你應該感到欣慰，並且在整個印刷案進行中，接受他們的建議與指導；在此種互動良好的關係下，設計者想要學習的印刷實務經驗，應該垂手可得，害怕在校對文件上簽字認可的窘境也會消失。

印刷技師都深信印刷機雖然是硬體機械，但卻有類似人類的怪脾氣，印刷機開始正式上工前，必須給它幾分鐘時間運轉暖身，讓油與水系統逐漸穩定，提高整個系統的溫度，使每個印刷單元的滾筒壓力達到最佳値。印刷機最忌諱斷斷續續的開機與停機，可是最終校對就必須在此情況下進行。技術人員也許會告訴你，印刷機啓動後必須暖機一段時間讓其系統穩定，或是在印製校對樣張前，需要做些較耗時的調整。既然你已經滿意該印刷廠的品質，也相信自己的判斷並選中了它，應該信任其專業的堅持，放心讓他們盡其本份做該做的事，不應該催趕也不可急躁；所以在前面需知單元裡提到，要為校對預留許多緩衝時間是有道理的。

如果你把印案交給低價承接的印刷廠，情形可能大逆轉。他們為了趕工時，減少低價的成本壓力，根本不太願意讓校對工作拖太久，極希望你速戰速決趕快草草了事；甚至會故佈障眼法，以印刷機啓動要耗費很多時間為由，要求你盡速簽字認可；如果遇到這種惡劣的情形，你應該在每張簽字的校對稿上，附加有條件的同意說明，謂印刷廠保證完全修正校對稿上的錯誤，並請他們也簽字為憑，並攜回影本為證。

彩色印刷噩夢

印刷設計界有所謂「彩色印刷噩夢」的說法，而且每一位設計者都會遭遇。之所以會以噩夢稱呼它，是因為它總是以料想不到的方式，出現在我們不經意之處。為了避免噩夢出現，好的設計者應該慎選印刷廠，與相關人員保持良好的溝通管道，明白表示所有需求條件，並且傾聽專業的意見，最重要的要有「一分錢一分貨」的理念，太離譜的低價時常隱藏著噩夢的危機；一個印刷案所費不小，幾乎與一部新車不相上下，為何買新車時出手大方，但是對一個影響企業形象的印刷案卻斤斤計較？

避免彩色印刷噩夢的方法之一，就是印件一定要有經過最後校對手續，取得打樣以作為參考。圖中為一實例：在設計者的預想中，飾物在酒紅色布料的畫面應該是如上圖，而且在電腦螢幕上所見也的確如此。可是校對打樣的結果卻如下圖，令人大失所望。唯一的改善就只能當場修正，重新再來。

上圖中天空的污點與刮痕，由於在初期打樣中並不明顯，故未被發現；待校對打樣時該缺失卻擴大顯現。由於此幅圖像是一本企業的簡介，客戶極為重視不容絲毫缺瑕疵；補救的辦法只有撤下該圖重新修補後，再製另一印版。下圖為修復後的樣貌。

由於每一台印刷機似乎都具備獨特的個性，再加上啓動時的設定值不同，於是每一次印出的校對樣張之色調，都會有些微差異，正如這六幅圖例。一般情行的偏色應該馬上修正，可是有些色調之喜好是非常主觀的，無法有一修色參考標準，正如此六圖的色調其實都無太大修正必要。

避免印刷錯誤之八個步驟

一分錢一分貨是不變的真理，不合理的低價不可能會有優良的印刷品質；不合理的低價也暗示潛在的品管危機，所以在與印刷廠進一步接觸前，要詳細查詢報價的背景，不要冒然投入。譬如，排除在報價外的「更改印物規格」的額外收費，可能會大到令你吃不消；報價的印刷廠可能將該承接案，轉交其他低階印刷廠等等。確定業務員完全瞭解並記住你的要求規格。有些投機取巧的印刷廠，甚至會備印一些高品質的樣品，專供驗收或展示用，為了平衡低價成本，其餘部份則以較低階的品質標準草率結案；所以貨比三家絕不吃虧，多參考同業間的市場風評。針對著上述可能發生的印刷噩夢，我們提供幾則很重要的步驟，希望能提醒你，避免嚴重的錯誤。

1. 規格說明

規格說明務必簡要清晰，確定印刷廠業務員已經充份瞭解。可以試問幾個問題：印物需要壓痕嗎？需要上光加工嗎？所選用的紙張合適嗎？

2. 特別色

要是你所選用的特別色非常重要，必須完全與特別色票吻合，那麼就必須在規格說明書上載明清楚，並告知業務員。也應該要求印刷廠在指定的紙張上作特別色試印，請記住，色票會隨著時間逐漸老化退色，而且同一個系統的某一特別色，也會因為色票不同版本而稍微不一樣。

3. 印前最終校對

如果你想要在印件正式上機前看到校對樣張，那麼必須確定該印刷廠可提供設計者「最終校對」的選擇。當然有此作業要求的成品之品質通常會較佳，不過由於投入更多的精神、時間和耗材，其印製成本會相對增加許多。執行印前校對是對客戶與印刷成品負責的表現，也是提昇自己的專業素養之最佳時機。

4. 校對打樣稿

如果你無法全程執行印前校對作業，而且你也很信任此印刷廠，那麼可以在第一次修正過的樣稿上簽字認可後，將接下來的校稿工作交給業務員或經理，請他們參考第一回樣稿繼續執行，並在其上簽字負責，之後再把所有的校對打樣稿寄回給你驗收。

5. 紙張

要時常檢查校對打樣所用的紙，是否與正式印刷的紙張規格相同。萬一校對打樣所用的紙與正式印刷的紙規格不符，可是你不注意地簽字認可了，將來印刷廠以不符規格的紙印製，這些錯誤就算在你的頭上。所以事前仔細檢查紙樣並非過份之要求。

6. 校對打樣稿之樣品

請印刷廠多印一些打樣稿之樣品給你並過份要求，通常印刷廠都會挑選較佳的二十份樣品給設計者，有些人甚至索求五十份，當然這些都是校對打樣稿，非正式印刷之產品，所以超過此數目的要求可能就較困難。要是你與該印刷廠關係良好，並且對該產品期待很高，建議可要求五十份樣品。也許印刷廠會把這些份數算入合約數量內，不過這應該是值得的。

7. 紙張與對版定位之關係

精確的對版定位是優質印刷品最重要的條件。想像一張全開的薄紙餵入印刷機，經過數個印刷單位的滾筒壓碾後，要求印紙上的小圖之四個色版，都毫無誤差地完全對版定位，是非常困難，更需要非常精密的技術。如果該印物對對版之要求很高，不妨先看印刷廠有沒有「數位無網片直接製版」技術。由於此技術是將圖文資料轉譯成印紋，再直接燒錄在鋁質印版上，不須經過由網片晒製印版之過程，減少了各色版網片對版定位的誤差，應該是非常適當的方法。

8. 印刷錯誤的補償

一旦涉及印刷錯誤的補償之議題，對設計者、印刷廠與客戶三者，都是傷感情的事，可是又不得不談，這是未雨綢繆的預防作業，也許會用到，但是最好不要發生。坦白而言，印刷錯誤的代價是相當昂貴，避免印刷錯誤唯一的方法就是謹慎。所以仔細地與印刷廠合作，認真執行所有印前最終校對之工作，並把校對樣稿讓客戶過目與認可，要是有錯誤，要在此階段就修正妥；一旦上機正式印刷，一切錯誤都要自己承擔。

古老印刷術

在十五世紀約翰·顧登堡創造了第一套鉛鑄活字版，印刷術始成為集約量產式的工業。木刻插圖中所呈現的現場，可謂是現代印刷廠的縮影。圖左是活字排版師，在他右方的是文稿校對人；在圖中下方的小孩正把印好的紙張整理堆疊一起；印刷師正用手轉動木製印刷機上的橫桿，壓下活字印版以印出成品。印刷師後面的婦人正在縫線裝訂書冊。最遠處的送貨員正要把頂在頭上的成品運送出廠。當然最靠近畫面右側的是印刷廠的老闆，也許正在問夥計們，為什麼這個工作拖延這麼久還未完成？在那個時代每天的生產量大約是三百張左右。

另外一張十五世紀的木版畫，在圖左站的印刷師手拿裹皮的印墨拍，準備在活字版上沾拍印墨，印墨的多寡由其專業技術判斷，一位經驗豐富的技師養成可能要許多年，可說是最早期的油墨濃度控制師。印刷助手正用手轉動木製印刷機上的橫桿，壓下活字印版以印出成品。圖右邊是一位活字排版師正在依據旁邊的書本仔細地在排版。

圖中是一古董級的手動印刷機，雖然結構簡單動作緩慢，但是它的基本原理和現代快速印刷機卻無甚差別，它靠許多垂直與水平木框架構成堅固的機體，利用手動螺旋槓桿法產生平均的壓力，施加於印紙與活字版上，每次只能印製一張。在當時也曾發展出許多金屬製改良型，不過其基本架構無太大變化。

第四章 摘要

協助客戶找到理想的印刷廠，將印刷品的訴求內容以最完美的形式呈現在大衆面前，是設計者責無旁貸的使命，而且此價值是無可計量的。瞭解現代整個印刷市場情況，以及印刷科技的趨向，是使你成為設計高手不可缺少的知能，也能幫助你的創意作最佳之演出。數位無版印刷術崛起後，帶來印刷工業革命，顛覆了許多傳統印刷的作業方式、觀念與市場，小印量、個人化、選擇性多樣化的生產方式，將會改變整個印刷科技的生態。身為掌握社會動脈的設計師，應該逐漸地引導你的客戶，迎接這個嶄新的印刷觀念，享受數位科技的歡樂。

多彩多姿的印刷現場

在印刷專業領域裡，設計者與印刷技師有著一種榮辱與共、相輔相成的親密關係，某一方都希望把對方推至專業的極致境地，他們也都瞭解，其成就永遠是互相共享的。在印刷過程中雙方都保持這種清晰的觀念，常是影響整個作業成敗之重要因素。

能與印刷廠建立良好的互動關係，參與其作業系統的核心，發展長期合作的模式，是設計者最值得慶幸的事。深入參觀印刷現場與印前作業區，是難得之實務經驗，對往後的設計工作絕對有益助，每一位設計者都應該極力爭取。它讓你實地瞭解色彩如何經由科技工業重現在我們的眼前，也讓我們親眼看到如何把螢幕之色光顏色，轉換成印刷機的油墨顏色。站在印刷機後端，當技術師從成品堆中抽出一張印紙給你，眼見自己辛辛苦苦經營多時的創意與草圖，竟然印製成功，此種創作喜悅必定令人難忘！謹記此情，你是否應該更加努力，探究多彩多姿的彩色印刷世界。

印刷完稿的錯誤

在第四章裏我們談論到，設計者在交付完稿給印刷廠同時，一定也並列許多規格說明。在這章節裏，我們要更深入探討平版印刷實務中，許多時常發生的問題，並尋求解決之道。這些問題甚至會深深地影響你的設計。清楚瞭解它們能幫助你釐清許多印刷的限制與條件。

在交付完稿電子檔給印刷廠時，設計者最容易犯的錯誤，就是圖檔的RGB色彩模式，尚未轉換成CMYK色彩模式。如果印刷廠也疏於檢查，那麼該圖就無法印刷。如果要印刷廠替你轉換，則浪費許多時間與精力。

常見的錯誤

人非聖賢，每個人都會犯錯；設計者與印刷廠也不例外。不過微小的錯誤不加以理會的話，便會累積成重大的錯誤，使一個簡單的印刷案變成無法收拾的噩夢。試問一下印刷廠，設計者常犯那些錯誤，他們會列舉一大串，譬如：影像仍然是RGB色彩模式，尚未轉換成CMYK色彩模式；忘記附上字體檔案夾；圖檔連結失效；規格說明不清等等。設計者都應該竭盡所能避免這類錯誤，因為彩色印刷牽涉的要素複雜，影響的層面廣泛，常使這些錯誤變得更難解決。彩色印刷的錯誤校修正是相當煩瑣且費時耗錢的工作，一不小心就會令人疲於奔命。

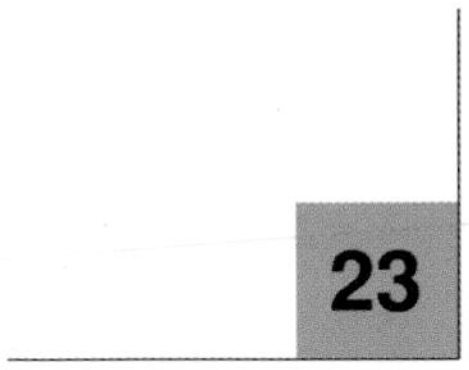

需要十分精準的裁切設計常會引發難以解決的意外問題，譬如上圖一個頁角的頁碼設計，看似很簡單可是因為最後必須裁切、摺疊與精準對位等動作，所以引來很多如下三圖的困擾情形。

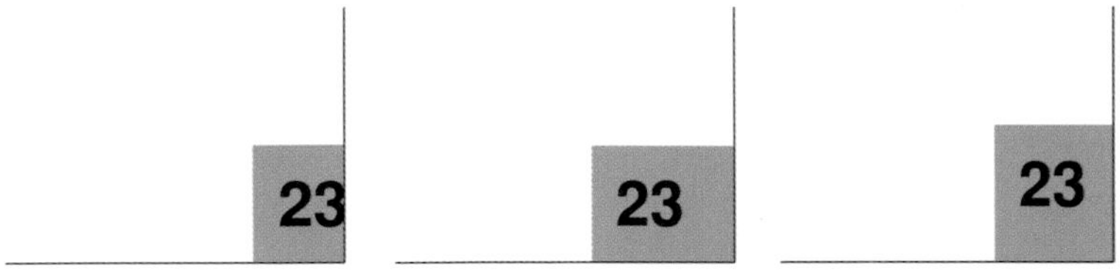

避免錯誤最有效的方法，就是盡可能和印刷廠討論與溝通，應提出所有你不懂的彩色印刷問題，就教印刷技術人員，並且盡早在打樣階段找出錯誤並予修正，就可免於後階段發生更大的問題。不要羞於發問，即使這個問題乍聽下會自覺非常幼稚，但是萬一一個小環結錯落，可能釀成巨大損失，因此小疑問還是要釐清楚。確保彩色印刷的結果完美無缺的最佳訣竅，就是打破砂鍋問到底。你總不希望因為一點色彩的失誤，而損失了一個客戶吧！

一些常見的錯誤：

- 未附加字型檔案夾、字型檔案夾錯誤、字型檔案夾損壞。
- 未附加影像檔案夾、圖檔連結失效。
- RGB色彩模式的圖檔，尚未轉換成CMYK色彩模式。
- 圖檔重新命名後，尚未更新連結，使頁面上的圖像不見。
- 儲存檔案格式錯誤，或儲存位置不對。
- 裁切線太接近圖文印紋處。
- 完稿電子檔內尚留存一些設計階段用的草稿。
- 未附加鐳射分色打樣張。
- 電子檔案受損。
- 沒有留下連絡資料。
- 印物的完成尺寸規格不對。
- 組頁次序錯誤。

創意與現實之妥協

設計可以充滿著無限的幻想，也可以暫時不理會現實的約束，也許你可以花費一整天時間，仔細拿捏一個夢幻的顏色，但是最後還是要墜入凡塵，如果印刷的油墨無法轉譯此顏色，那麼一切的努力都是空談。為了讓創意與現實能夠妥協，就應該即早進行彩色打樣作業，將那些有問題的彩圖趕快找出來重新修正，避免一粒鼠屎破壞整鍋粥。

當然有經驗的印刷技師，會針對你所選的顏色提供適當的建議，也許你不同意他的看法且堅持己見，可是印刷技師畢竟非常瞭解彩色印刷的特質，他知道該顏色轉換成油墨色以後，會是什麼樣子。如果他認為你的選擇是錯誤，但是你還是想尋找其他支持者，那麼不妨再多問一些專家的看法。

複色調可以讓平淡無奇的黑白灰階影像，增加許多層次與立體感，正如圖中金屬器皿所表現一樣。

複色調的魅力

假使印物原本只有黑白灰階圖像，也許可以考慮把這些圖改成雙色調、三色調甚至四色調；它是分別使用二、三、四種獨立的特別色油墨，例如：以PANTONE 137 CU、PANTONE 3414 CU兩特別色版，來疊印雙色調印刷，其色版可依需要來調整深淺，故可組合多種色調變化，產生完全與四色印刷不同氣韻的色調情緒。印刷廠在處理這類複色調影像時，為了希望能控制諸多因素，也為了希望能與其印刷系統配合，他們都喜歡在自己的廠內掃描原圖。一般四色調印刷還是以CMYK四色油墨為主，但是它與正統的四色印刷不同處，是其四個色版之色調可獨立調整，甚至互換，卻沒有所謂偏色的困擾。我們大可依自己的喜好，讓整張圖的色調往洋紅色處傾移，使其帶有另一種色彩情感。複色調處理是一個不受限制自由自在的創作空間，常有意想不到的驚喜，值得勇敢嘗試。

印刷現場

每一個印刷作業都受到許多物理因素與機械因素的影響，有些因素已經大大地超出一般設計者的專業領域，不是他能夠控制的，這些事應該交給印刷廠的專業人員，當然你還是有一些主導權，就是選擇優良的印刷廠。儘管如此，設計者還是應該盡可能涉獵這方面的專業知識，例如：油墨濃度、拼小版、落版等；一旦擁有這些知識就能夠掌握預視印刷成品結果的洞察能力。

印刷現場控制

雖然目前傳統印刷業界尚無全面性的工業標準制度來規範所有的印刷廠按此標準運作；可是後起之秀的現代數位打樣系統科技，卻傾向建立統一的工業標準制度，不論在設備生產或品質管理方面，我們都可以看到此跡象。看似混雜無標準的平版印刷工業，其實也隱藏許多精密的個性和需求，譬如，印刷機還是須要非常精密的微調，才能有正確的色彩表現，這些微調的誤差容忍度也許只有千分之一吋而已；平版印刷工業一直無法全面建立工業標準是有其道理，一方面是每一部印刷機都不一樣，都有其特性，另一方面卻必須靠手動來拿捏微調值，同時還要配合其它的外在條件來參與運作，例如：機件保養、影像測試導表、色彩控制導表，油墨濃度計等等，才有可能印製出高品質的印物。

所費不多的複色調印刷，為平淡的黑白影像帶來嶄新的色調層次。

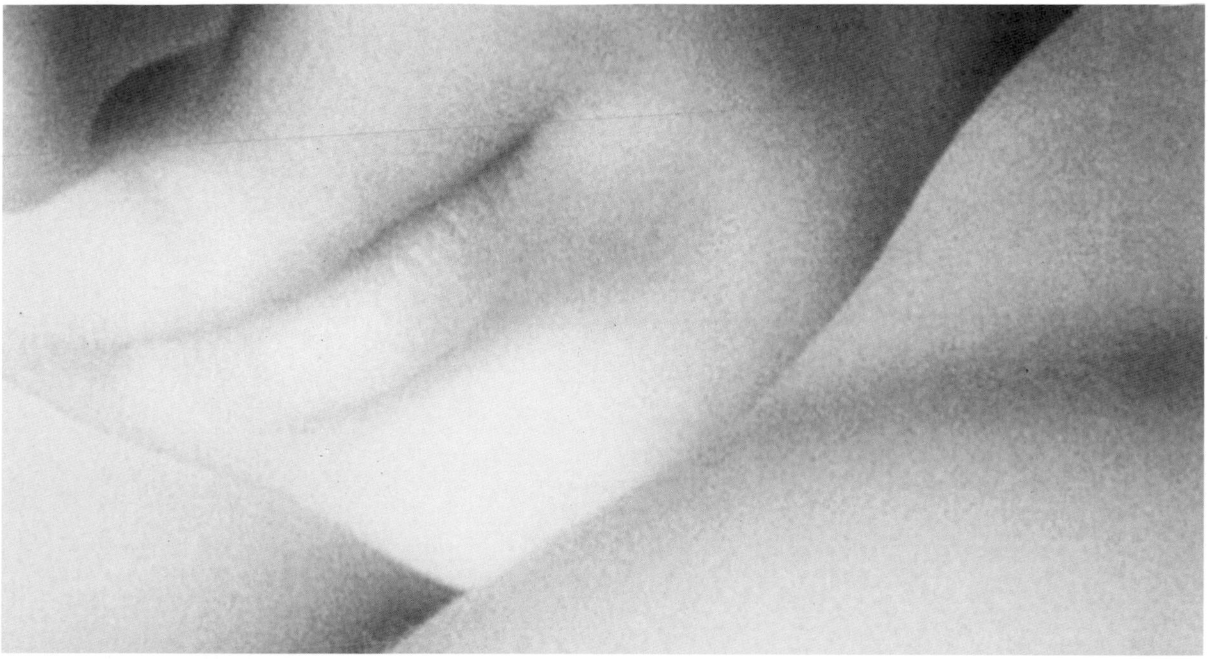

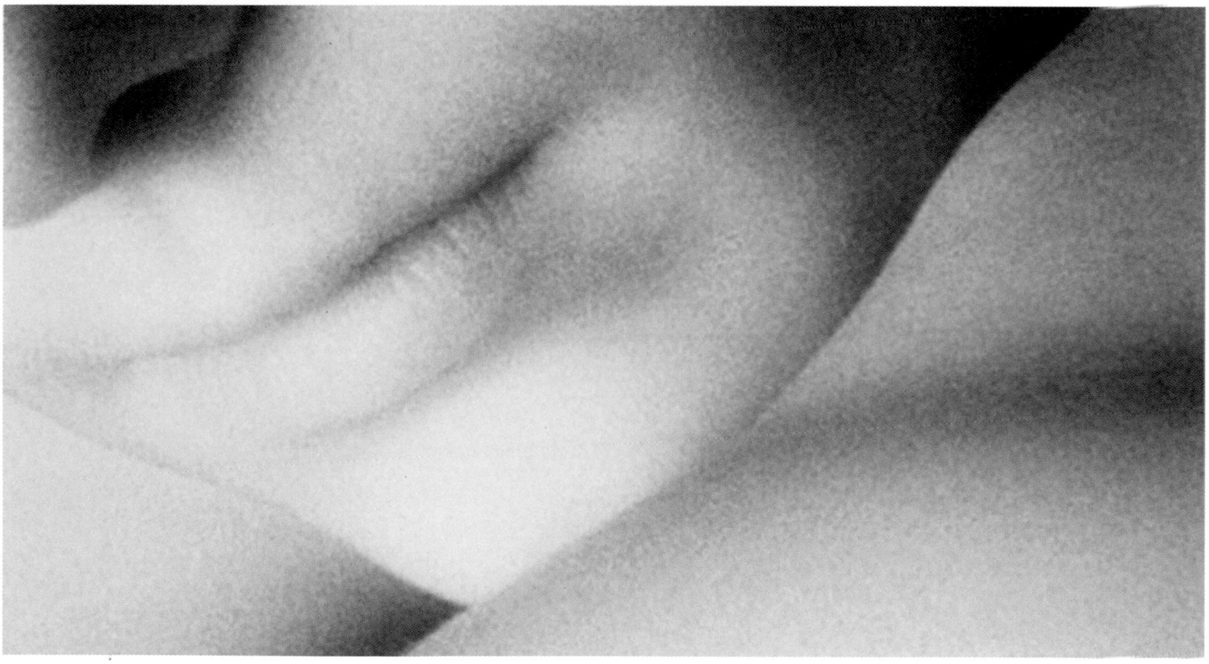

三色調印刷為黑白影像帶來典雅的溫暖色澤，此圖例包含半色調黑版、少量的青色與洋紅色版，用來表現中間調與亮位的色澤。

圖中技術人員正以反射式濃度計，測讀印物上的數據，作為監控與調整印刷機的標準。設計者也應該熟悉這種儀器的功能和基本操作。（美國 海德堡公司／圖）

印刷用濃度計

印刷用濃度計大都是一種手持的電子儀器，用來檢測油墨濃度、網點大小、網點擴張、疊色效果（甲色油墨覆蓋過另一種乙色油墨的能力）、滿版濃度、油墨對比、灰色平衡等。「透射式濃度計」可以測讀網片或透明片上的資料，但是印刷廠人員則喜歡使用「反射式濃度計」，它可以測讀反射自印紙上的油墨膜，取得數據資料。另外尚有特別色印刷用的濃度計，可測讀特別色的濃度、對比、印刷曲線、光譜曲線、光波強度等數據。濃度計必須配合印在紙張外緣的「色彩導控卡」操作。

油墨濃度

所謂「油墨濃度」是指某一種油墨塗佈在印紙上的量。濃度高表示油墨量大，也意味著該色彩飽和度會增加。譬如，當你告訴印刷技師，希望某一個影像多一點藍色，技師就會用手動或自動的方式，微調增加印刷機上青色油墨的流量，印出一張校對樣張讓你再檢查。技師會先以濃度計測讀前一張印紙上的油墨濃度，再以同樣的方法測讀修正後的油墨濃度，其最主要的目的就是仔細控制青色油墨濃度，避免整體色調過度偏離色彩平衡點。

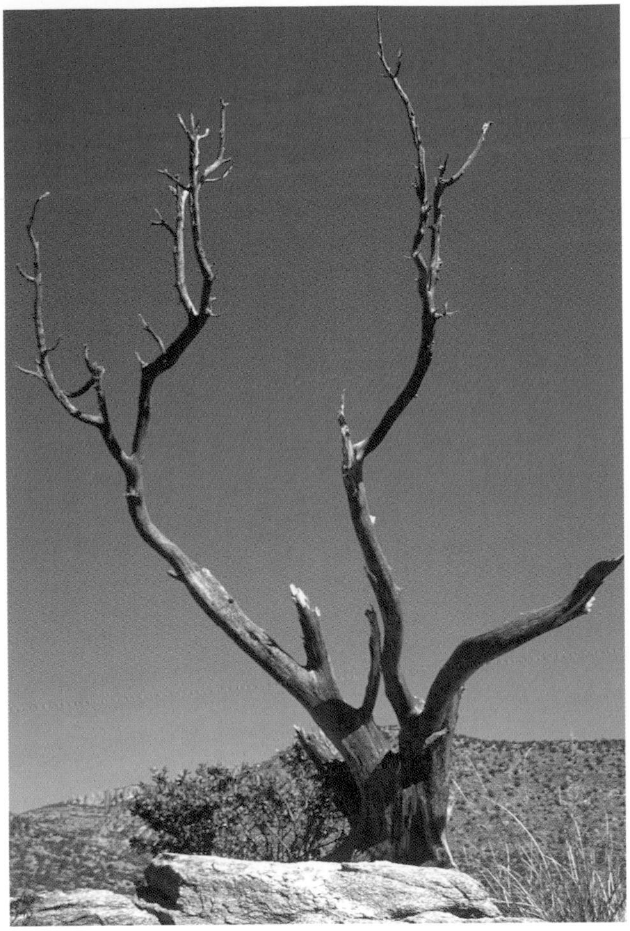

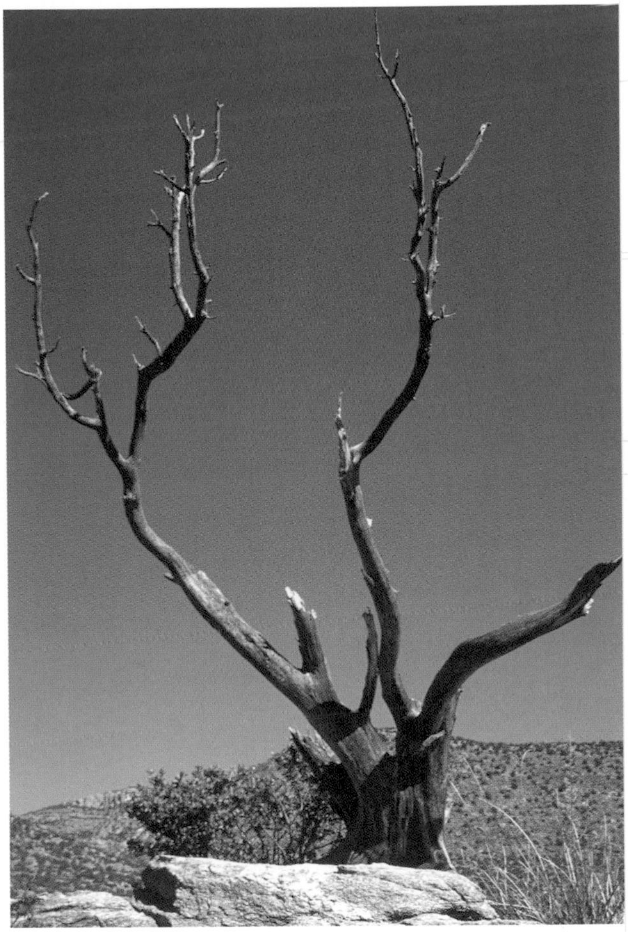

左幅圖中的藍天看起來似乎稍偏淡，提高一點青色油墨濃度，不但可以增加天空藍色之飽和度，同時也會使整體畫面的藍色調升高。印刷不像影像處理軟體 Adobe Photoshop 般，可以只改變選取區的色調，印刷的色調修正是全面性；這也正是印刷技師使用濃度計來掌握修色平衡點的目的。

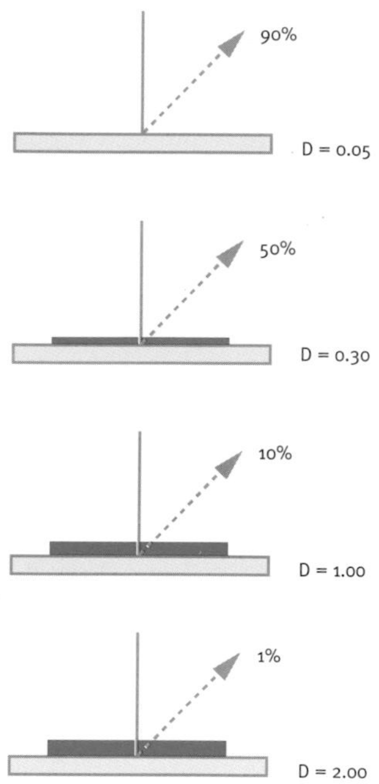

濃度計原理

今以反射式濃度計為探討對象。儀器內的光源產生光束，照射到印物之表面後反射回濾鏡組與感應監測器，再由監測器將收集到的反射光，轉譯成可判讀的數據，數據越高表示油墨膜厚度越大，也就是濃度越大。濃度計測讀印紙的部位，通常是紙邊緣由印刷系統產生的「色彩控制導表」，技師根據濃度計測讀導表上的CMYK四色的數據，來精確修正各色油墨最適當的流量，以取得最佳之平衡點。如果油墨濃度太低，即表示油墨太稀，油墨的附黏性增大，印紙上的油墨色區表面容易產生小丘狀突起。假使油墨濃度太高，即表示油墨膜層太厚，此時網點擴張、環狀陰影等現像會很明顯，甚至極易把過多的油墨沾污了下一張紙。印刷技師重要的工作之一，就是使用濃度計在此兩極端間，找到最適宜印刷的油墨濃度。

目視當然能夠評估比較油墨的大略濃度，但是據此來調整印刷機尚不夠精密，濃度計可以非常精確地測出油墨膜層之厚度，並提供最適合印刷的各色油墨的濃度數據，以協助印刷技師調整印刷機。上圖中的百分比代表光束的反射率，D代表將此反射率轉譯成數據的濃度。

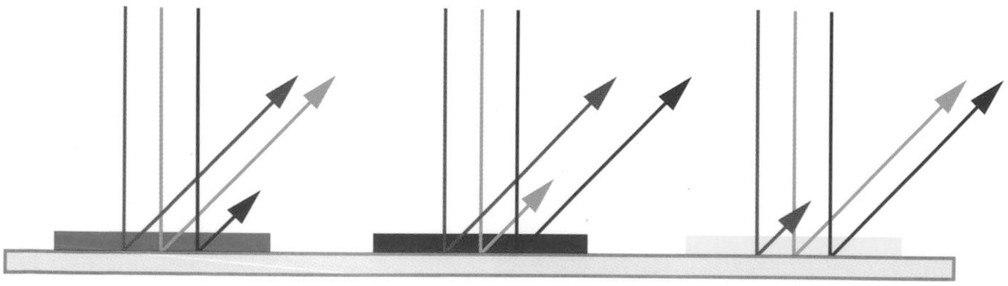

此為反射式濃度計內部主要構造的簡化示意圖。光束自上方投射至油墨與紙張，反射到達濾鏡組與感應器，再將資料轉譯成可判讀的數據。

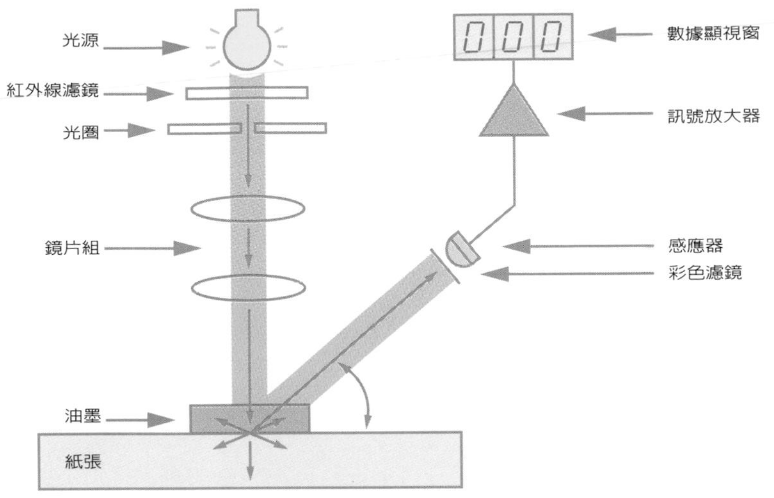

反射式濃度計內部主要構造示意圖

反射式濃度計對每一個網點之油墨在紙張內部所形成的陰影（網點環狀陰影）非常敏感，絲毫的變化量都可偵測到，印刷技師便依靠這些數據所提供的正確訊息，來微調設定印刷機。

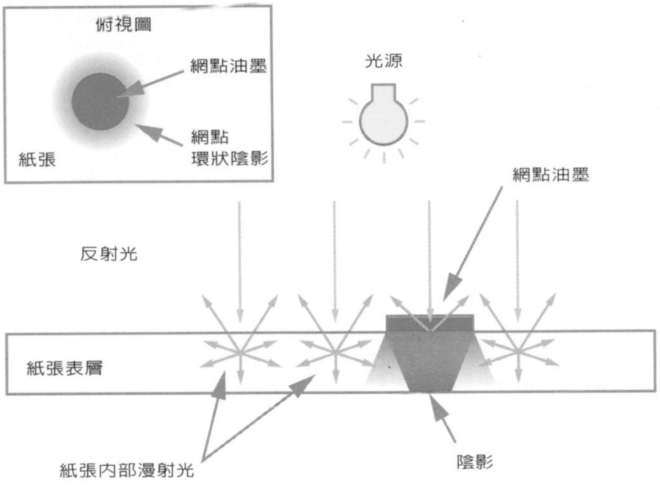

光線擴散所產生網點環狀陰影之示意圖

圖中所示為兩種網點百分比的情形，兩個網點分開之間格較大，其網點濃度就較小。當然用肉眼也可直接分辨出其差別，不過藉由濃度計測讀出精確的數據，才有調整印刷機的依據標準。

濃度計與網點百分比

網點百分比又稱網點濃度。濃度計測讀「色彩導控卡」上的網屏取得網點濃度後，可讓技師可以找出影響印刷系統引起偏色現象的原因。濃度計讀數太高時，網點環狀陰影逐漸形成，造成明顯的網點擴張。油／水系統不平衡所產生的乳化現象，也會影響網點百分比。

濃度計與油墨疊印

「疊印」一詞有在印刷上兩種意義，一是「圖像疊印」另一是「油墨疊印」，前者是指印紙上兩個以上的圖像上下疊合之情形；後者是指種某甲顏色疊印在某乙顏色上。不良的油墨疊印導至不好的油墨網點，會降低印物色彩表現之色域。如果印刷機調控適當、油墨稠度正常、油／水系統平衡，那麼顏色都會平順地相互疊印，「油墨疊印」的效果很理想。萬一油墨稠度不正常、油／水系統不平衡或是其他問題，則油墨疊印會產生斑駁、不均勻等現象。油墨疊印正常是優質印刷非常重要因素之一。右頁圖例是以方格色塊來表現油墨疊印的情形，其實四色印刷的小網點也是一樣的道理。

這幾組是正常的油墨疊印範例，可以看出它們的疊印處非常平順毫無缺失。其中100%黃與100%洋紅相疊印處，產生所預期的紅；100%黃與100%青相疊印處，產生所預期的綠。正常的油墨疊印才有可能印製出優質的印物。

這幾組是不正常的油墨疊印例子，可以看出它們的疊印處有明顯的缺失。其中100%黃與100%洋紅相疊印處，產生不均勻斑駁的紅色；100%黃與100%青相疊印處，也產生不平順的綠。這些缺點都是因油墨稠度不正常、油／水系統不平衡或是其他問題所引起的。

優良印刷廠不僅投資購買高級印刷機，還必須定期作嚴格的維修保養，並且使用優質的耗材與周邊設備，如此才能印製出如上幅般高品質的成品。低階印刷機加上惰於維修保養，一定會印製出如下幅般的劣質印物。

好印刷機爲何會產生疊印不正常現象

疊印不正常現象為何會發生？以及如何產生？這些問題若要仔細探討的話，可能要寫滿一本書，但是針對「好印刷機為何會產生疊印不正常現象？」這個問題，以下的經驗之談，就是最實際的答案。

油墨品質

油墨品質之優劣，是影響油墨疊印效果非常重要的因素之一。劣質油墨品質不穩定，對印刷過程中的溫度、壓力等變數反應快且大，故不利於長版印刷。優質油墨品質穩定，不易隨外在要素變化而改變其物理與化學性質；所以高階的印刷廠一向使用優質油墨，以確保良好之印刷品質。

油墨滾筒系統—印刷的要角之一

印刷機的上墨系統是由許多大小不一的橡皮滾筒所組成，其主要功能是將油墨槽內的油墨引進這些橡皮滾筒，經多道程序後，再均勻塗佈在印版滾筒上的印紋；印紋先由「印版滾筒」轉印至「橡皮滾筒」，再移印到紙張，經「壓力滾筒」壓印而成。油墨滾筒是由一個不鏽鋼軸心，外包裹特殊成份的橡皮合成物質所製成；全新油墨滾筒的橡皮質地適中、表面平順，油墨很容易在其上形成一均勻之薄膜；不過當滾筒使用多日以後，表面開始磨損變形且硬化，甚至凹凸不平，它便會喪失均勻塗佈油墨的能力，降低印刷的品質。油墨滾筒受到清洗溶劑、調整的狀況、工廠環境等因素影響，一般的壽命約可維持兩到六個月。

當油墨滾筒的橡皮物質磨損不堪再用時，可以更換橡皮；一些印刷廠都有此種汰舊更新的例行維修，有些廠在印刷機大維修時，甚至把整支油墨滾筒抽換掉；但是，非常不幸，有些劣質印刷廠卻免掉這種動作。

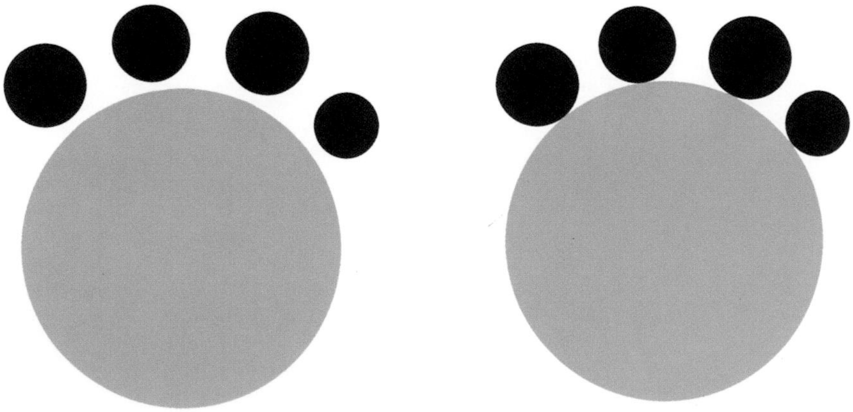

示意圖中深褐色的是上墨系統中的油墨滾筒，灰色的是印版滾筒；當印刷機停機時，油墨滾筒暫時離開印版滾筒；印刷機啓動時，油墨滾筒再次與印版滾筒接觸。

保持滾筒橡皮最佳狀態

滾筒定期更新與維修是印刷廠一筆龐大開銷，也是必需的年度支出經費。有些優良的廠商會把這些費用算入印刷品成本中分攤；有些廠則是看滾筒磨損情形，不定期更新維修，雖然後者的作法較省錢，但是可以預見的是，其印刷品質一定參差不齊。

滾筒究竟有多重要？

一台機齡三年的印刷機，其滾筒系列都有定期更新與維修，較之一台機齡僅一年的印刷機，但是其滾筒系列無定期更新和維修，前者的印刷品質絕對會比後者優良，滾筒是不是很重要？一目了然。許多因機件失調所引起的印刷問題，歸究都是滾筒系列缺乏更新與維修之故。

橡皮滾筒可以手動往下分離印版滾筒，讓技術人員檢查印版上油墨條紋分佈之測試情形。上圖中的洋紅色油墨條紋分佈之情形非常均勻，表示滾筒狀態很正常；測量此油墨條紋的寬度並比對印刷機操作規格手冊，就能作適當的機器調整。

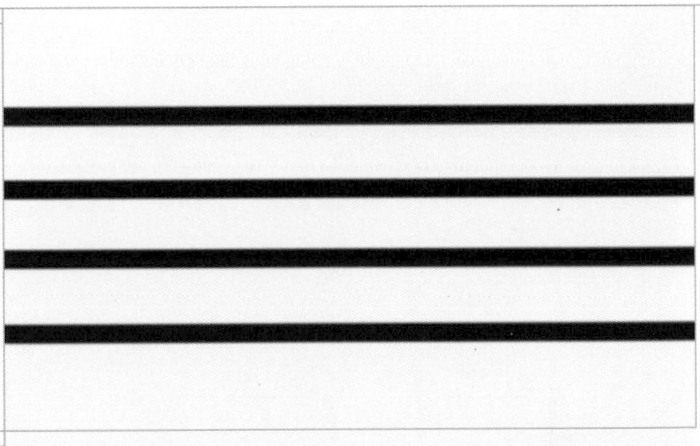

下圖的油墨條紋顯示此印刷機已經老舊，滾筒系列缺乏維修和調整。第一個條紋表示橡皮滾筒與印版滾筒間的設定太緊；第二個條紋表示橡皮滾筒的中央某部位已經凸起，壓力不平衡；第三個條紋表示橡皮滾筒兩邊設定不平均；第四個條紋表示橡皮滾筒與印版滾筒間的設定太鬆。以上各種現象都明顯告知，設定失調、滾筒已磨損或兩者兼具，所有的缺失就是劣質印刷的主要原因。

完美的滿版印刷

對平版印刷技師而言，滿版印刷的確是一大挑戰。高階印刷機、正常的油墨滾筒等條件配合好，滿版印刷才有可能完美；反之，廉價的印刷機加上疏於更新維修的滾筒系統，常使滿版印刷作業成為技術人員的噩夢。所以一分錢一分貨，假使你的印刷案中有滿版印刷之需求，建議還是不要找不合理低價的印刷廠。

圖例中滿版印刷效果之優劣，在彩色打樣中一目瞭然。

條痕/鬼影現象

「條痕/鬼影現象」是指印刷機在運轉時，由於內部機件的不順或故障，引起油墨塗佈不均勻在印紙上留下明顯的條痕（或稱機件鬼影）。此條痕走向大多與紙張的輸送方向一致。條痕現象在需要均勻色調的滿版印刷中，確實是一種致命的缺失；它幾乎很難完全避免，在印刷過程中偶爾會出現，難怪會有機件鬼影之戲稱。如果你自認為你的印刷案可能極易產生條痕現象，建議還是送往印刷機情況較佳之印刷廠印製。

圖中所示例子就是由低階印刷機，或雖是高階印刷機但是已老舊或缺乏保養，所印製出成品上的條痕/鬼影現象。

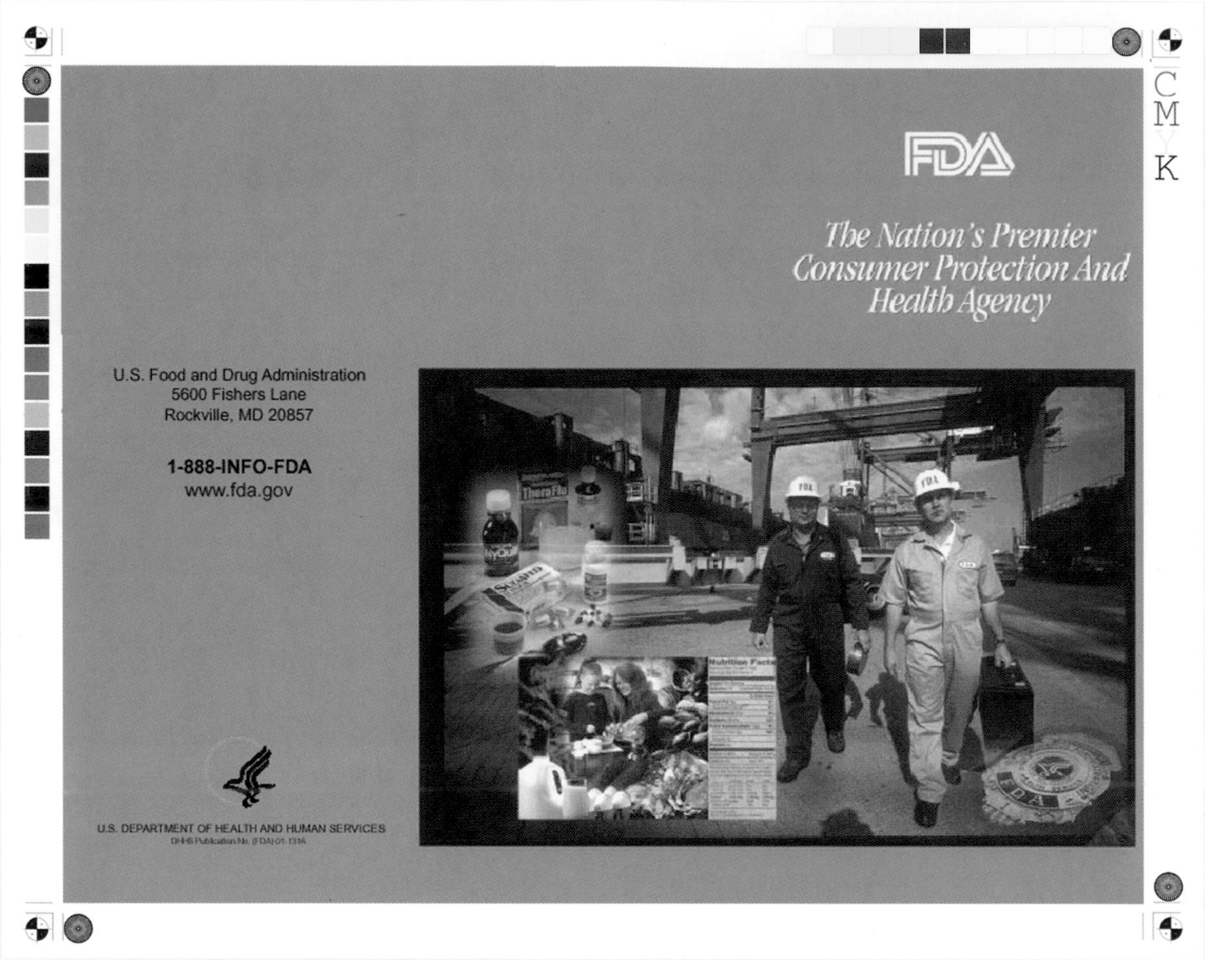

此兩頁都是以實例說明條痕/鬼影現象。第一張是圖像彩色打樣稿，黃橙色滿版背景平順均勻，沒有條痕現象。第二張是低階印刷機印製出的成品，可以看到明顯的條痕沿圖像邊緣分割黃橙色背景，成深淺不同兩部份。第三張是由高階無版印刷機以小印量輸出，其中看不到條痕/鬼影現象。

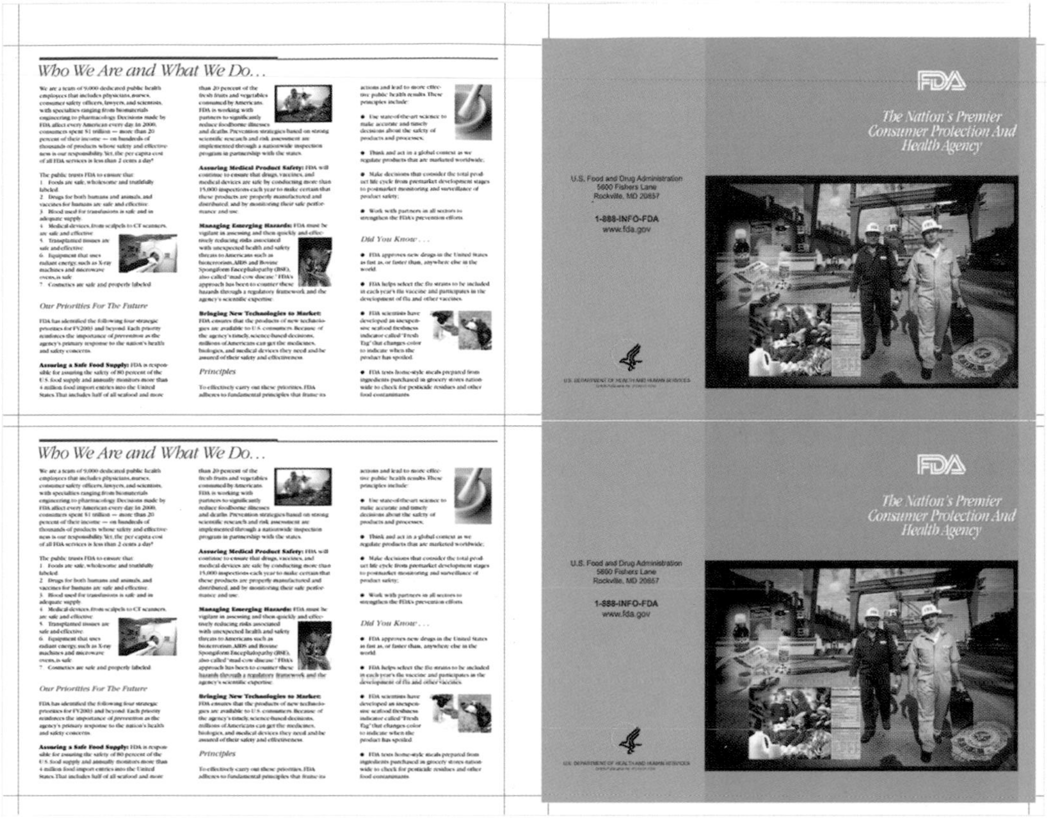
Who We Are and What We Do...
FDA
The Nation's Premier Consumer Protection And Health Agency
U.S. Food and Drug Administration
5600 Fishers Lane
Rockville, MD 20857
1-888-INFO-FDA
www.fda.gov

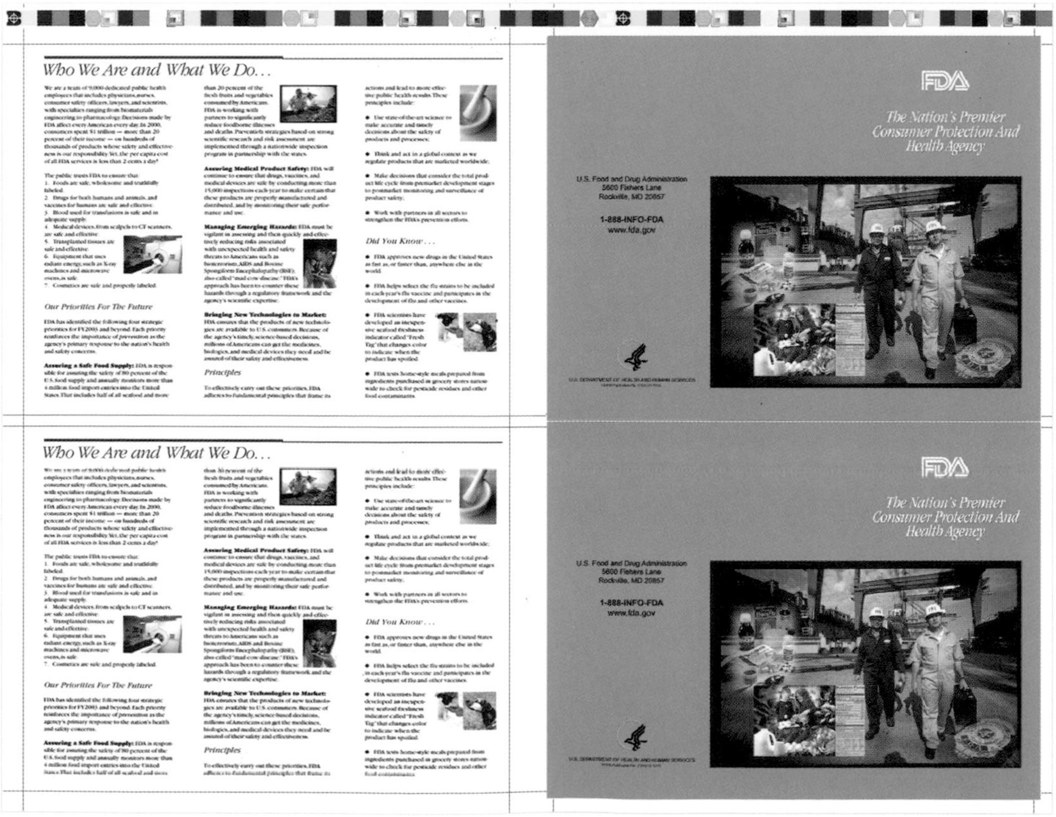
Who We Are and What We Do...
FDA
The Nation's Premier Consumer Protection And Health Agency
U.S. Food and Drug Administration
5600 Fishers Lane
Rockville, MD 20857
1-888-INFO-FDA
www.fda.gov

目前市面上可看到一些快速印刷工作室，使用小型平版印刷機來印製比較簡單的彩色印案，這種機器最大可處理11×17英吋的印紙，操作簡單、工作速度快廣受好評。由於上墨系統只有兩個滾筒，如圖所示，所以不適合處理大面積的滿版印刷。

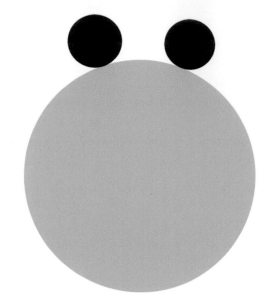

小型平版印刷機不適合處理大面積的滿版印刷，圖中的例子就是最好的說明。箭頭所指就是紙張在印刷過程中輸送的方向。

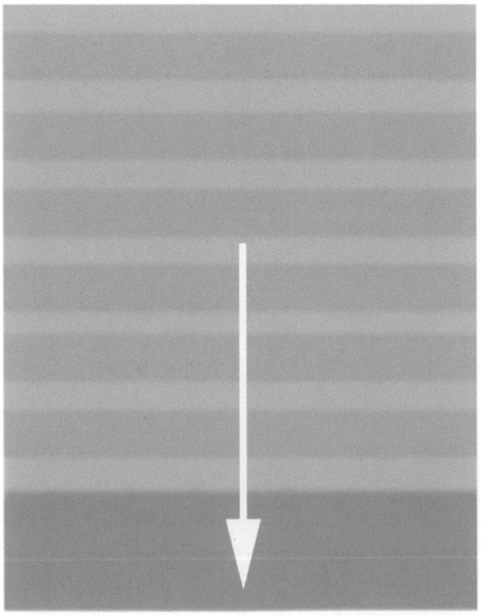

平版印刷的控制導表與印刷測試樣張

印刷成品達到高品質的標準，必須依靠許多精密的測試；而測試的依據就是「控制導表與印刷測試樣張」，目前最常採用的就是GATF（Graphic Arts Technical Foundation印刷科技基金會）所提供的測試資源，讓印刷技術人員監測控制印刷之品質。這些控制導表與印刷測試樣張，幾乎涵蓋所有印刷測試參考的領域；譬如：蠕印/雙影故障診斷、條痕/鬼影故障診斷、彩色印刷色彩控制 、印紋套準控制、網點擴張控制、水墨平衡控制、 紙張尺寸穩定診斷等等。GATF會提供這些導表與測試樣張的電子檔，印刷廠只要把需要的樣張用印刷機印出後交給GATF檢測，印刷技術人員會參考GATF送回來的數據，精確微調其印刷機。如果你知道某家印刷廠使用GATF，或其它類似的測試標準來維持其印刷品質，那麼大可放心將工作交給他們處理。優良的印刷品質不可能一蹴即至，必須付出極大的耐心與執著；當工作成果不理想時，不要怨天尤人，要先自問印刷機是否處於最佳狀態。

GATF導表與測試樣張

接下來幾頁要介紹一系列由GATF提供的導表與測試樣張。雖然這些表格資料與測試數據之解讀，是一門相當專業的科學技術；但是身為設計者，有必要對這些影響印刷品質的知識略為涉獵。這些導表與測試樣，必須配合印刷的數位部份使用，透過GATF導表與測試樣張的數據，才能夠讓你瞭解印刷技師一直在追求的高品質印刷，究竟是怎麼一回事。

以下這些圖例是由GATF所提供的參考樣張，印刷廠藉以比對並依此追求類似的高品質印刷成品；每張參考樣張對平版印刷技術而言，都是極困難達到的挑戰，更是最高品質的指標。

低調影像

以暗紅色沙發與深褐色櫥櫃為主的室內擺設，再加上昏暗的燈光，令整個畫面充滿深沉鬱暗的色調，此為典型的低調影像。除了幾處受光面的材質紋理略較容易以印刷方式表現外，其它陰影部位的層次節理之再現，確實是極高的印刷技術挑戰。（GATF提供）

高調影像

這幅結婚禮服照被歸類為高調影像，最主要原因是整體畫面概以亮麗的白色為主調。其印刷表現之困難度也很高，要如何再現中間調之層次時，同時也不讓亮位失去質感，的確不容易。（GATF提供）

皮膚色

此圖的表現重點是：讓這五位孩子之色調深淺不一的皮膚色，都能同時正確再現。（GATF提供）

細膩色調變化

人像膚色的再現，尤其是捕捉其豐富、微妙之色調轉換，一直是印刷技術追求的終極目標之一。注意此幅人像膚色從最亮的鼻尖、額頭到最暗的下頦，其色澤不會因為明度的變化而喪失。（GATF提供）

掌握明度階

決定影像的主要明度階概以最大面積處為主，如圖中的灰色布料是測讀的標準，雖然圖中有少量的高明度階與低明度階，但基本上此圖屬於中明度階調。（GATF提供）

豐富色域

水果與布料的豐富色彩是此圖最重要的特色，每種顏色都有其明度，有些還相去甚遠。把握的重點就在於忠實再現彩度外，還要注意每一明度階段內的層次質感。（GATF提供）

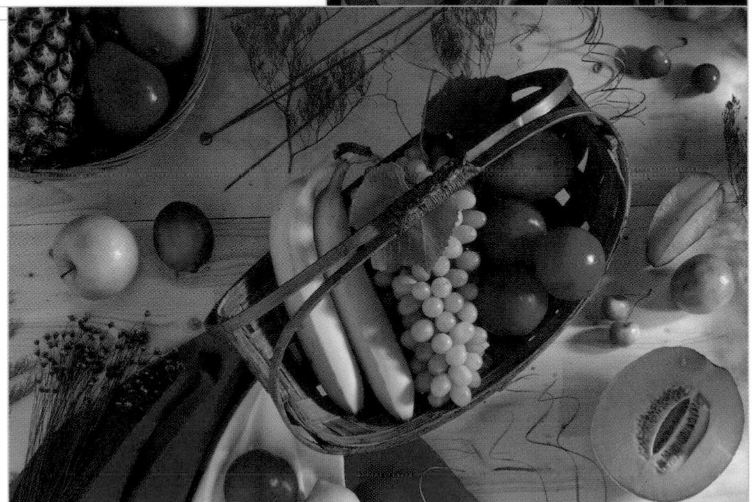

有時候色彩是非常主觀的，無法用測試表取得「正確的」修正，如圖中的風景照就是一例。藍天、綠地是每個人最普遍的視覺經驗，此時的藍色和綠色摻雜著非常主觀的潛意識記憶，此種題材的色彩修正，可能就不太需要依靠GATF測試表了。（GATF提供）

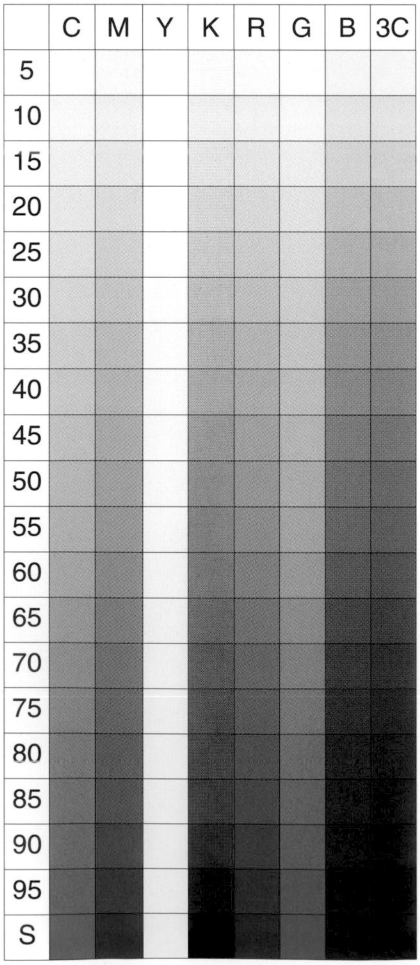

由彩色印刷的青（C）、洋紅（M）、黃（Y）、黑（K），再加上紅（R）、綠（G）、藍（B），與CMY三色等量相混的3C，所組成的二十二個色調階。可以看出不同百分比濃度的色澤變化。（GATF提供）

「星形套準控制導表」是用來測讀解析度，與控制輸出系統的偏位方向。高階的輸出系統如果無偏位現象，那麼四個顏色的「星形套準符號」都會對準，中央只有一個點。（GATF提供）

「線條解析度控制導表」用來測試系統的正像線條或反白線條，與各種方向、角度線條之表現能力。（GATF提供）

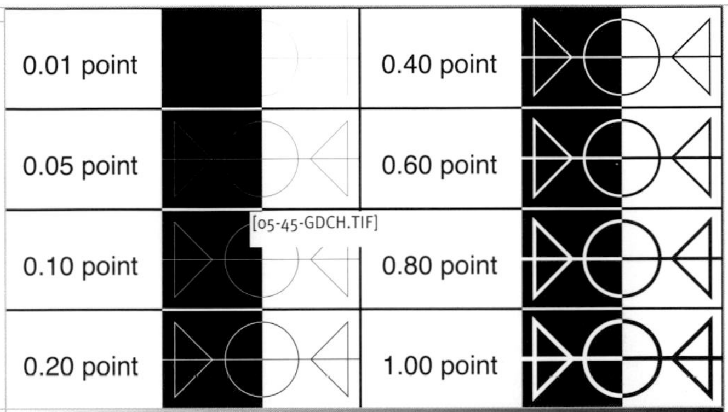

「漸層測試樣張」用來測試系統的漸層表現能力；圖示為CMYK四色由100%至0漸次變化的標準情形，四色的色調漸層變化應該一致。（GATF提供）

此測試樣張是用來評估暗位與亮位的表現能力。（GATF提供）

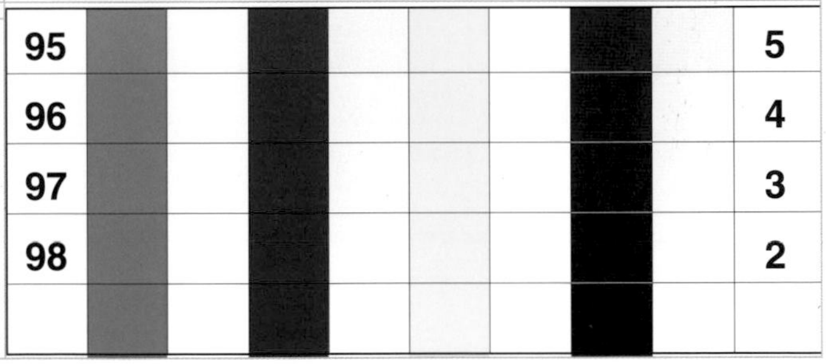

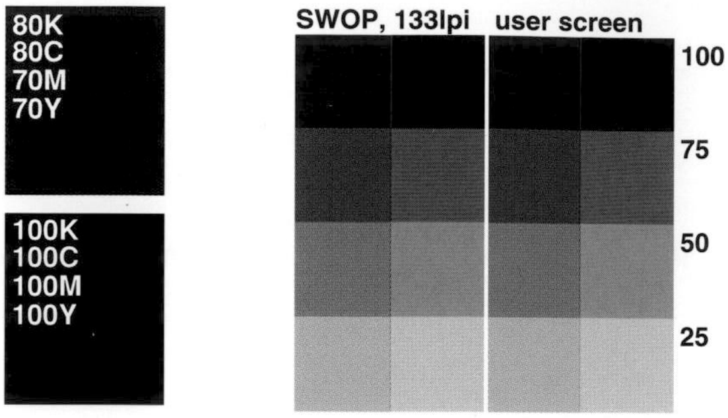

這些灰階樣張最適合作為高級雜誌印製「中灰色調」的圖文時參考。（GATF提供）

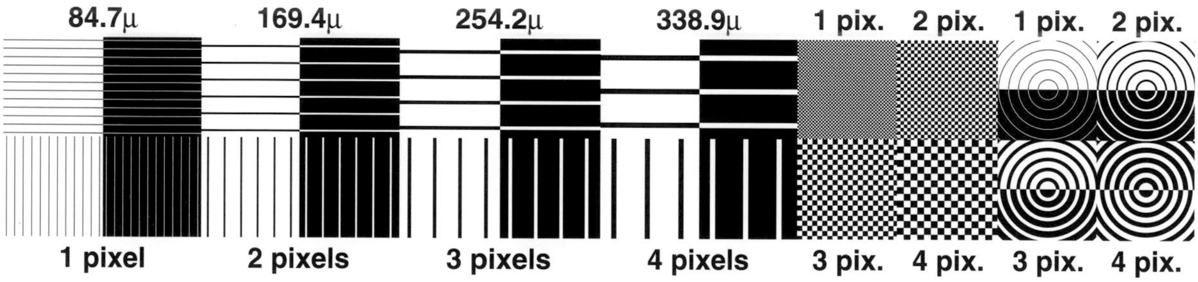

以pixel為單位之「線條控制導表」，常用於測試需較強曝光作業的輸出系統。（GATF提供）

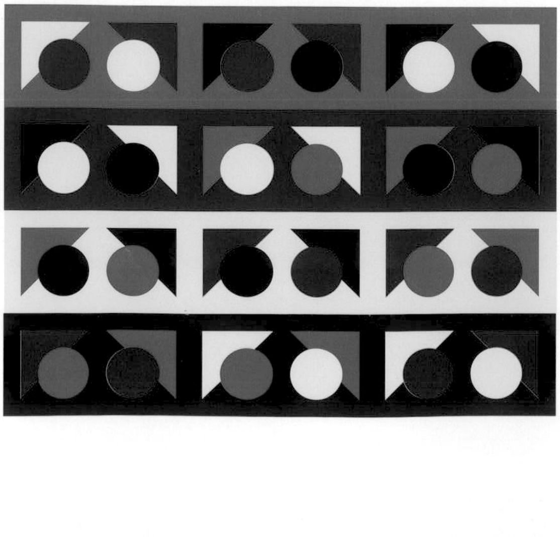

「印紋套準控制導表」適用於所有類型的輸出系統，用以控制各色版之精確對版；若各色間無疊印現象即表示印紋套已經準。（GATF提供）

Type Resolution Target / D-Max Patches

「文字解析度控制導表」中列出24點至1點之文字，分別以正像與反白像呈現之情形，一般印刷無能力印製出1點大小之文字。（GATF提供）

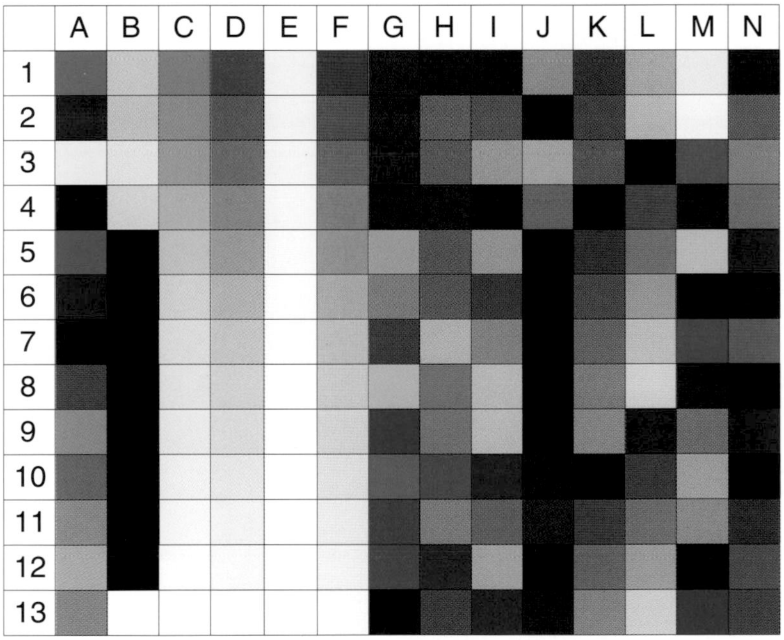

圖表所顯示的色彩資料，是某一種輸出系統所能印出的色域範圍。（GATF提供）

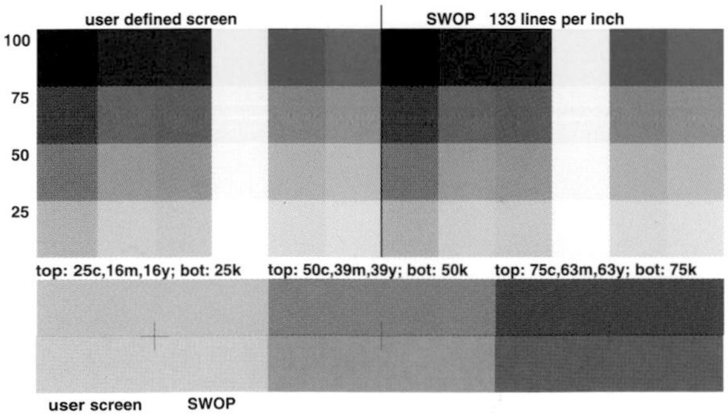

GCA / GATF數位打樣對照表，分別以25%、50%、75%與100%的濃度，呈現CMY與RGB各色。左半部是自定網屏數的呈色情形，右半部是SWOP測試系統以133lpi呈色之情形。下面的無彩灰色條提供目測比對的樣本，上半部是由CMY三色疊色的灰階，下半部是純K的灰階。（GATF提供）

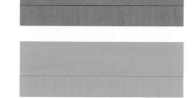

「垂直水平線條度控制導表」中兩種方向線條所組成的色調面應該都一致，兩者間不可有差異。(GATF提供)

「色彩控制導表」包含100%、75%、50%、25%濃度之CMYK及RGB七種色彩，此導表的目的就在於確保輸出系統的印刷品之每一頁，都能維持一貫的色彩表現能力。(GATF提供)

藉由比對此圖中飽和度極高的藍、紅、綠色彩，以檢視輸出系統之彩度表現的能力。筆尖部位的色調已稍有偏移變化。(GATF提供)

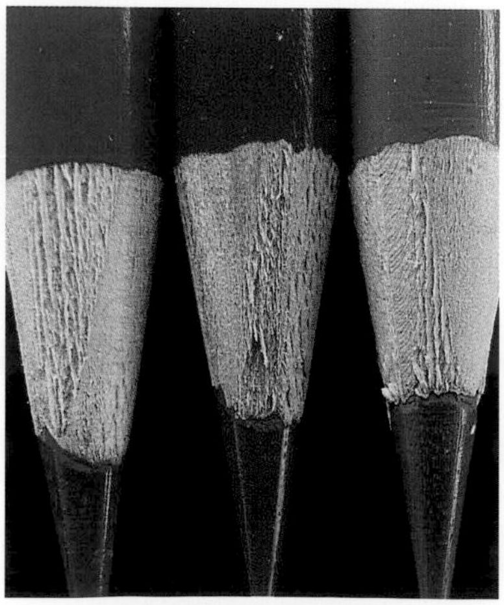

「灰色平衡檢測表」是用來協助技術人員，在標準色溫光源下，檢測由CMY三色以不同比例混合而成灰色階之情況。（GATF提供）

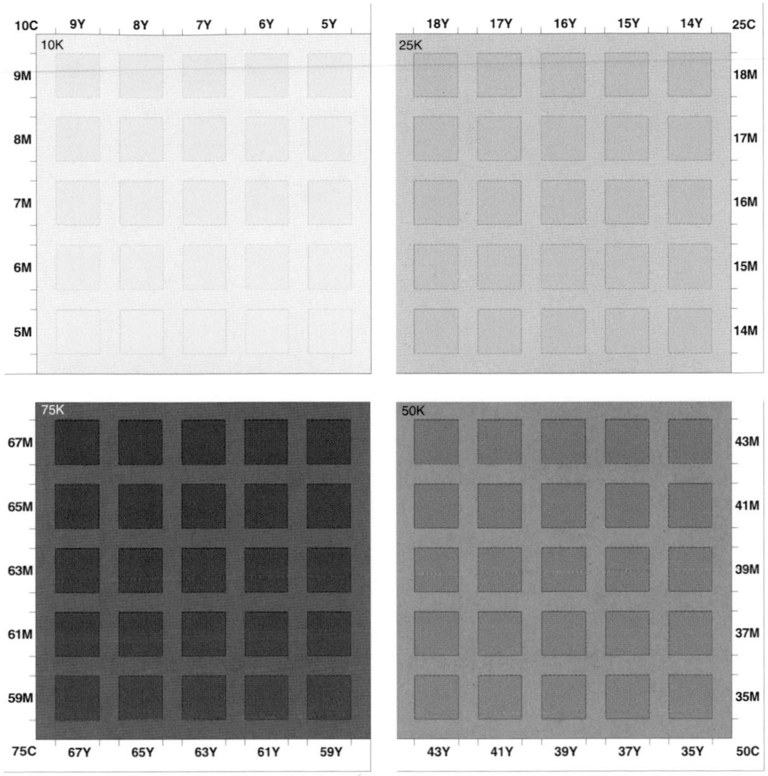

CMYK四色25%網點濃度的平網色條，用來檢視各色版過網之一致性，如果其中有網點擴張情形，也很容易檢測出。（GATF提供）

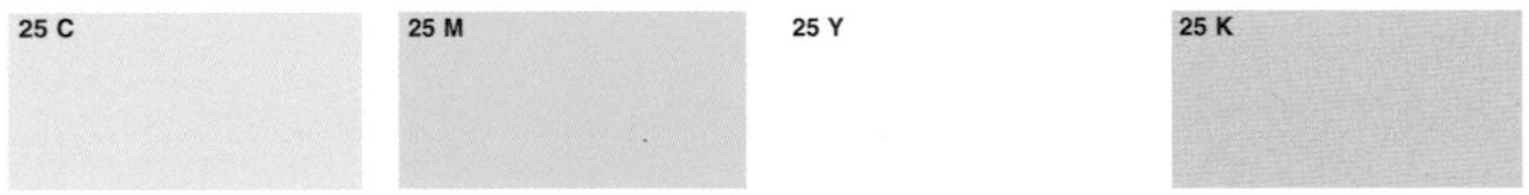

置於抽象圖紋背景的人像，用來檢視該輸出系統對人膚色再現的能力。人體膚色是我們最常見最貼身的顏色，最容易藉此色調來比對輸出系統的色調偏移情行，並根據它來修正。（GATF提供）

常用美規印紙規格與形態

以下所談的大都是指常用的美國規格。印刷用紙的尺寸規格設計，必須與印刷機或輸出設備能相互配合。小型快速平版印刷機一般都處理8.5×11至12×18英吋的印紙，另一級機器則處理14×20英吋的印紙；對開印刷機可處理20×26英吋的印紙，最常見的印刷機主要是處理28×40英吋的印紙，另有更大型機器可處理70英吋以上的印紙。

一台摺紙

所謂一台摺紙是將一張已經印刷完成的印紙，對摺一次或一次以上，作為書籍、雜誌的集冊單元，摺好的頁紙我們稱為「一台」，或稱為「一帖」；通常一本書籍是由許多「台」摺紙集帖裝訂而成。所以如右頁所示，一台摺紙的頁數通常是4的倍數：最少4頁，接著是8頁、12頁、16頁、20頁…等。由於印刷設計必須考慮配合紙張的尺寸規格與印刷的方式，所以目前最常見的書冊式印刷品之完成尺寸有下列幾種：從最小的3×5英吋到較大的11×14英吋，但是最廣泛的是5.5×8.5英吋到8.5×11英吋。

圖示為紙張在平版印刷機輸送的走向情形。小型快速平版印刷機的8.5×11英吋印紙走向，是平行其長邊；可以處理19×25和25×38英吋印紙的大型印刷機，都是以長邊餵紙。

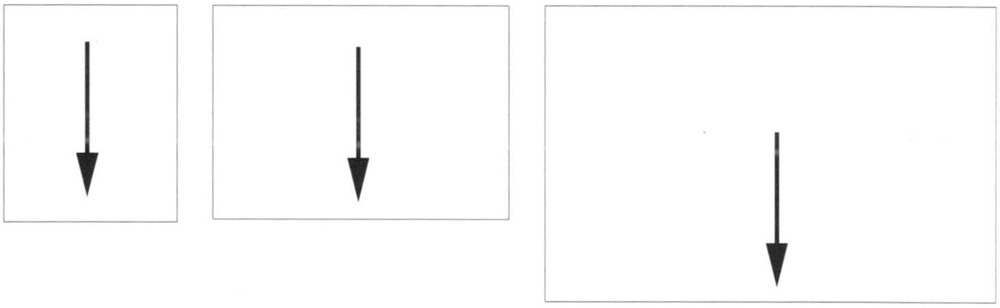

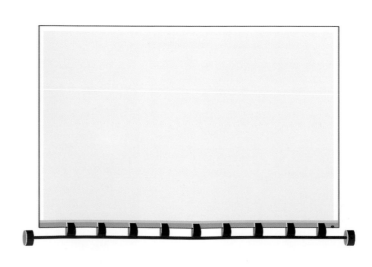

一般平版印刷機因為有餵紙咬口設置，所以在印紙上都預留最少0.5英吋的空白，在此帶狀空白處不得有任何印紋。

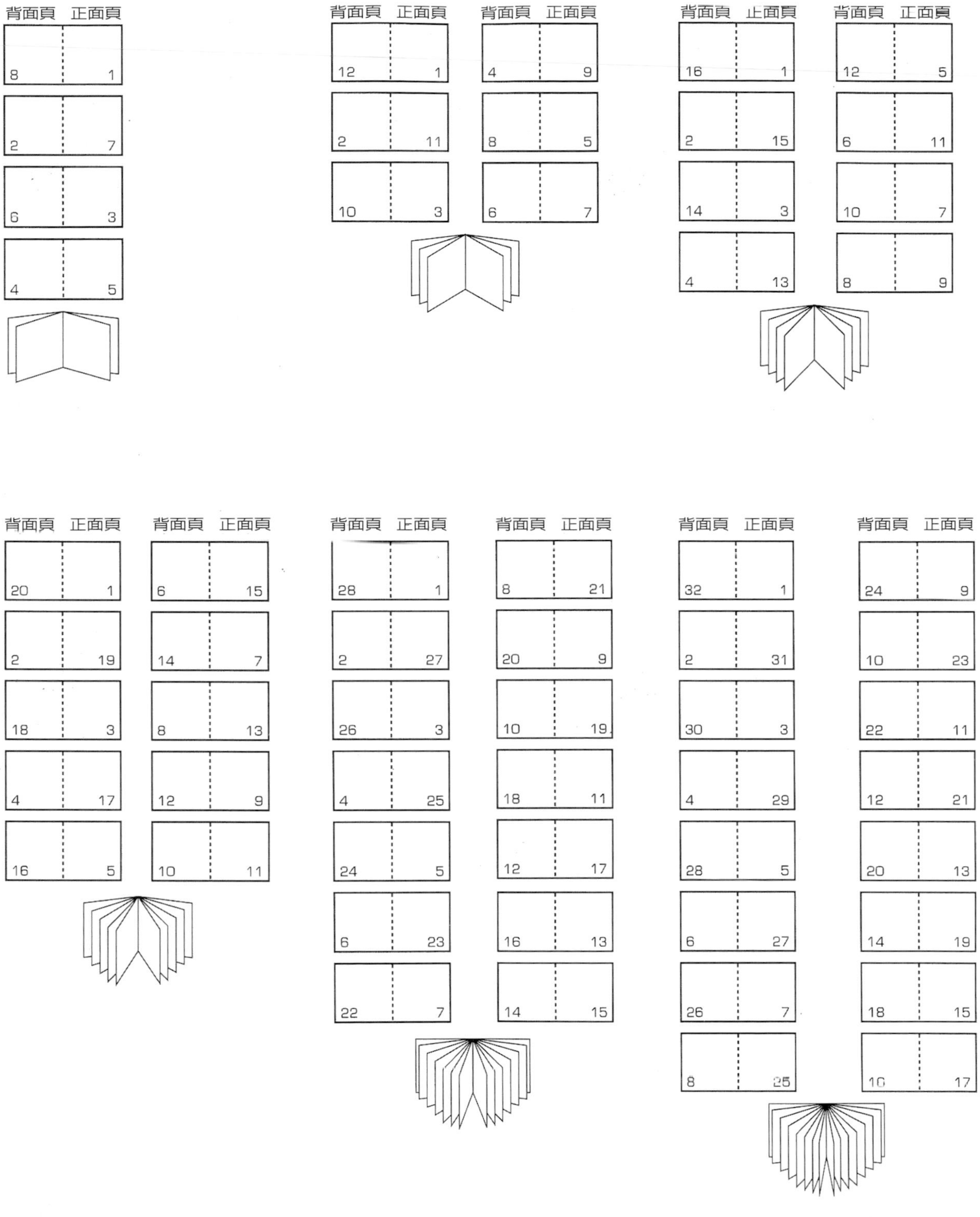
背面頁 正面頁
8 1
2 7
6 3
4 5
背面頁 正面頁
12 1
2 11
10 3
背面頁 正面頁
4 9
8 5
6 7
背面頁 止面頁
16 1
2 15
14 3
4 13
背面頁 正面頁
12 5
6 11
10 7
8 9
背面頁 正面頁
20 1
2 19
18 3
4 17
16 5
背面頁 正面頁
6 15
14 7
8 13
12 9
10 11
背面頁 正面頁
28 1
2 27
26 3
4 25
24 5
6 23
22 7
背面頁 正面頁
8 21
20 9
10 19
18 11
12 17
16 13
14 15
背面頁 正面頁
32 1
2 31
30 3
4 29
28 5
6 27
26 7
8 25
背面頁 正面頁
24 9
10 23
22 11
12 21
20 13
14 19
18 15
16 17

常見的一台摺紙的頁張分佈情形。

落版與組頁

將已完成的每一頁依印刷機的大小、紙張尺寸、裝訂方式、印刷方式等，拼貼成一張合於印刷尺寸的大印刷底片，以利製版、印刷、加工等後續工作，此稱為拼大版或落版，若是以電腦排版軟體處理上述相似的工作，又稱為組頁。有時候設計者為了要預先掌握每一頁的正確落版位置，會先摺疊縮小比例的紙張，再由上而下填寫頁碼後，攤開全紙後就可知到落版情形，我們稱此縮小比例的紙張為「落版樣本」。瞭解落版與試做落版樣本，可幫助設計者事先考慮印刷作業諸事項。我們從最簡單的地方開始，將落版與落版樣本作說明。首先拿出一張A4紙對摺一次，就成了一份4頁的落版樣本，再摺一次，就成了一份8頁的落版樣本，以此類推就可得到一份以4為倍數的樣本，由上而下、正反填寫頁碼後再攤開全紙，可見正反兩面的頁碼均非按次序排列，且上下顛倒；此與裁切裝釘後讀者所看到的頁張完全不一樣。

瞭解落版作業有助於決定彩色印刷的方式；譬如該紙除了有四色印刷外，尚有單色印刷，則可將需四色印刷的頁安排在印紙的同一面，需單色印刷的頁安排在印紙的另一面，這樣可以減少許多成本與時間之浪費。

落版樣本也可協助設計者預判潛在的印刷問題，例如條痕/鬼影現象可能會出現在那裡；這樣就應該考慮把可能受影響的圖像移置他處。

印刷業務代表也應該提供一些諸如上述的落版樣本或樣張，讓設計者參考；落版樣本或樣張可因印刷機大小、印件性質、裝訂方式、印件色數等條件而不同，所以設計稿件時一定要事先充份瞭解。

圖中所示為一最典型的4頁落版樣本，第4頁與第1頁在印紙的同一面，第2頁與第3頁在印紙的另一面。右頁為印紙正面與反面實際印刷的情形，藍線為材切線，紅線為摺痕線。

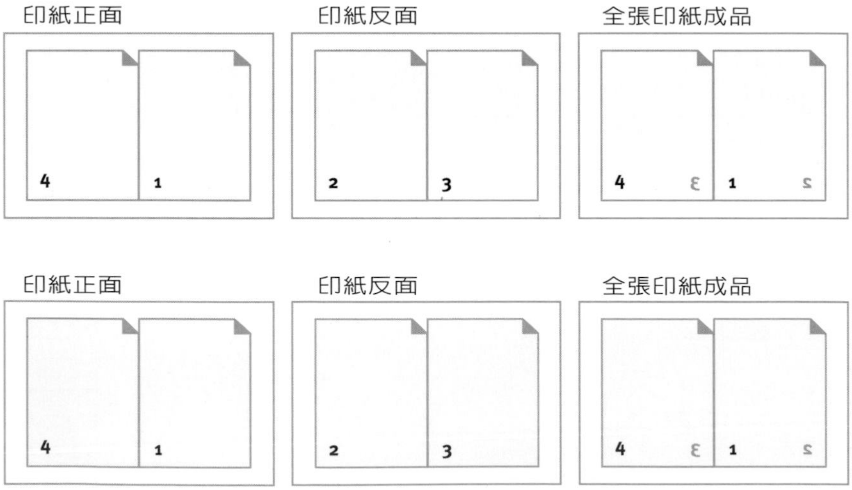

已摺疊之一台印紙

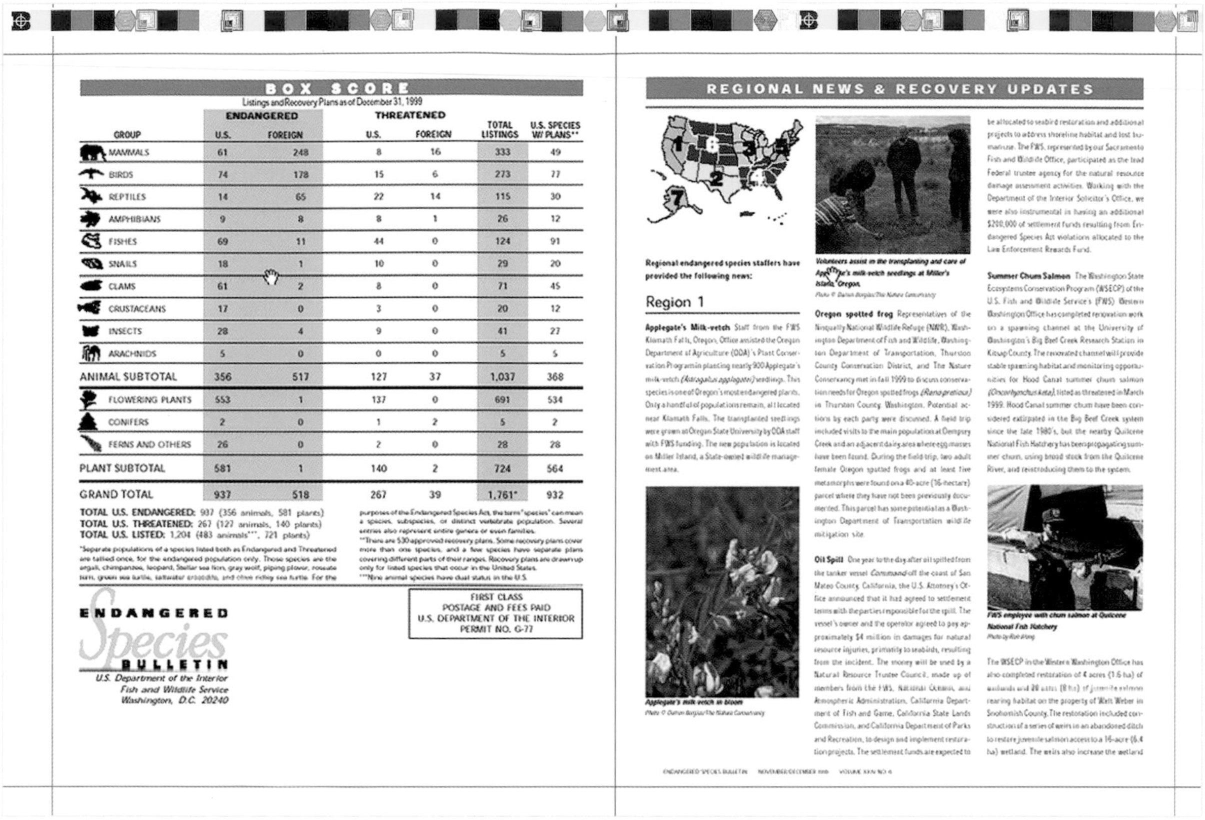
BOX SCORE
Listings and Recovery Plans as of December 31, 1999
ENDANGERED
Species
BULLETIN
U.S. Department of the Interior
Fish and Wildlife Service
Washington, D.C. 20240
FIRST CLASS
POSTAGE AND FEES PAID
U.S. DEPARTMENT OF THE INTERIOR
PERMIT NO. G-77
REGIONAL NEWS & RECOVERY UPDATES
Region 1

REGIONAL NEWS & RECOVERY UPDATES
Region 5
ON THE WEB
LISTING ACTIONS
Proposed Rules
Final Rules

下圖所示為一最典型的8頁落版樣本，第1頁、第4頁、第5頁、第8頁在印紙的同一面，第2頁、第3頁、第6頁、第7頁在印紙的另一面。上圖為印紙正面與反面實際印刷的情形，藍線為材切線，紅線為摺痕線。

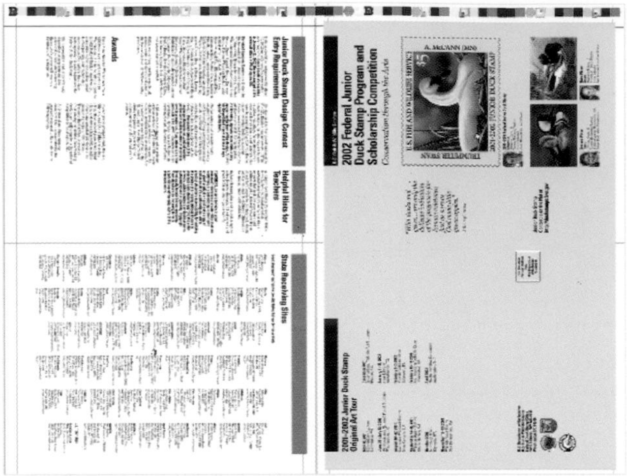

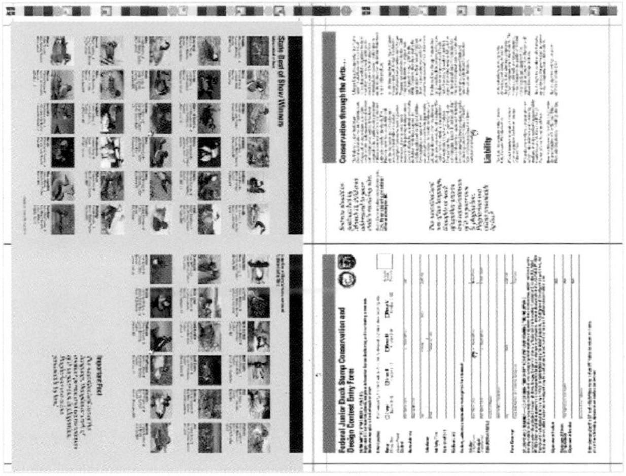

全張印紙成品

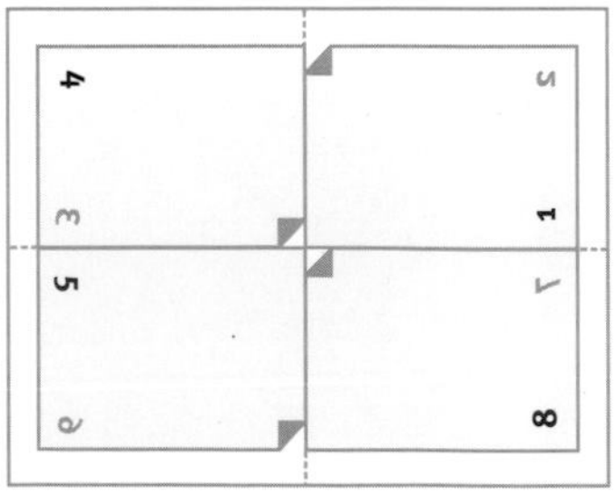

印紙反面

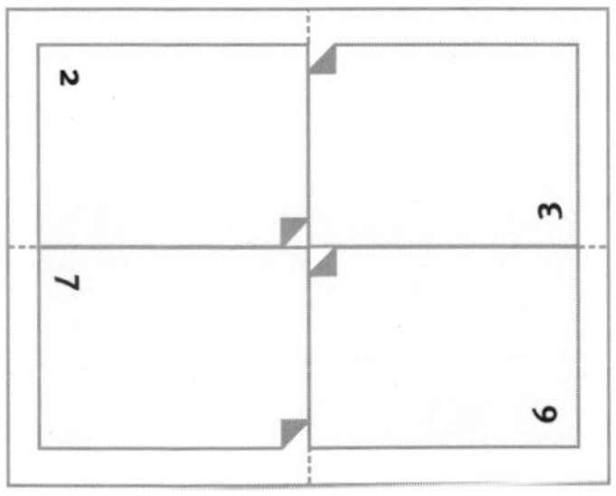

印紙正面

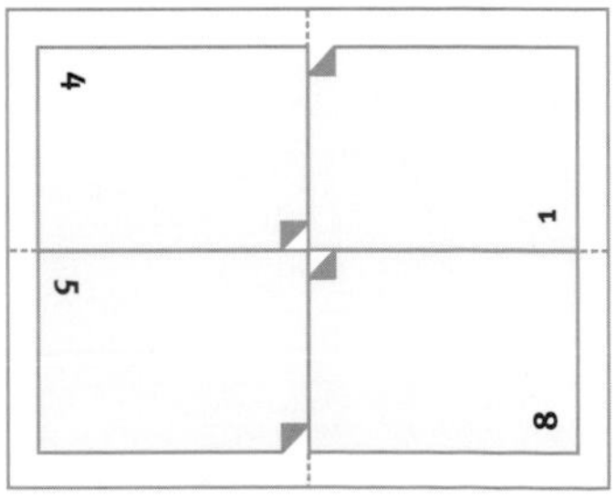

摺痕線1

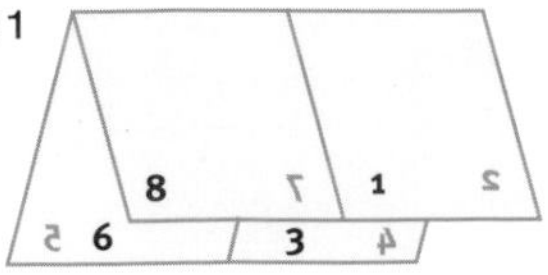

摺痕線2

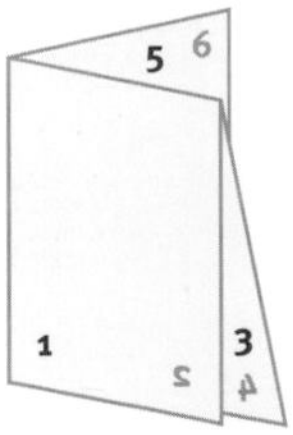

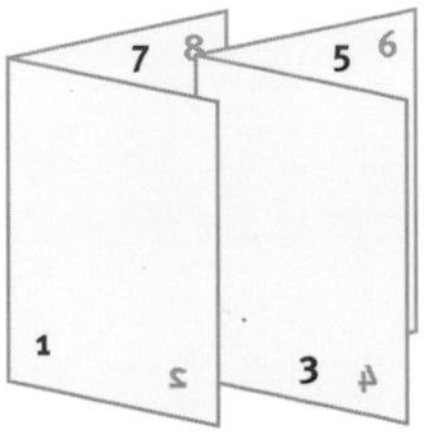

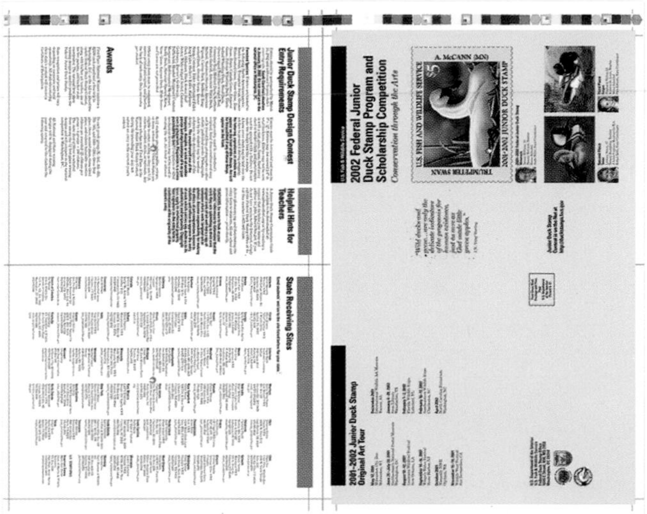

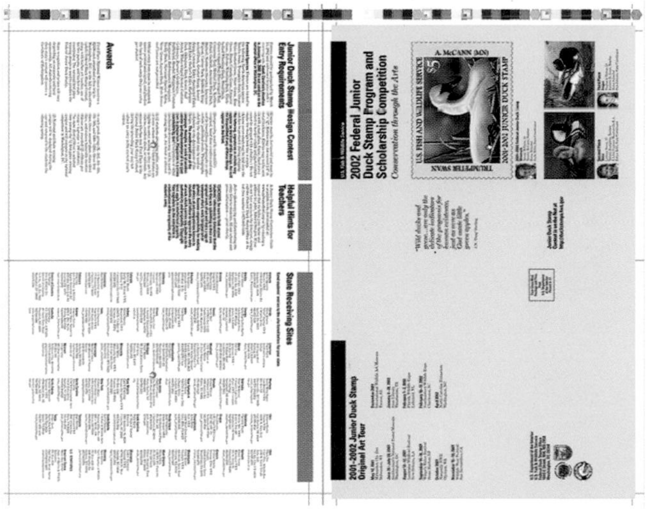

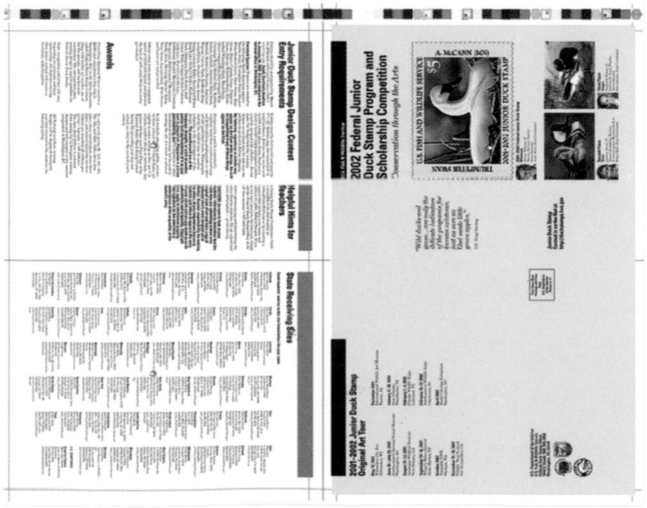

與前頁同書冊的內頁，但是以捲筒紙雙面印刷機印製，這種印刷方式成本較高，適合大量長版、高速的印刷需求。

圖中所顯示的是一台16頁落版樣本的情形，藉由此樣本，設計者可以預視圖文的位置是否恰當，修正後再交付印刷。

印紙正面

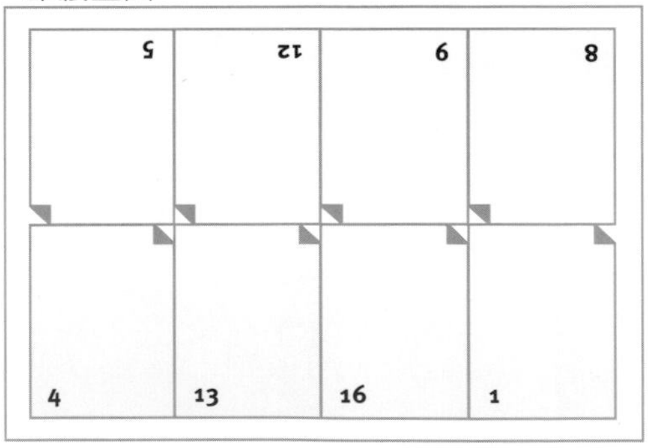

印紙反面

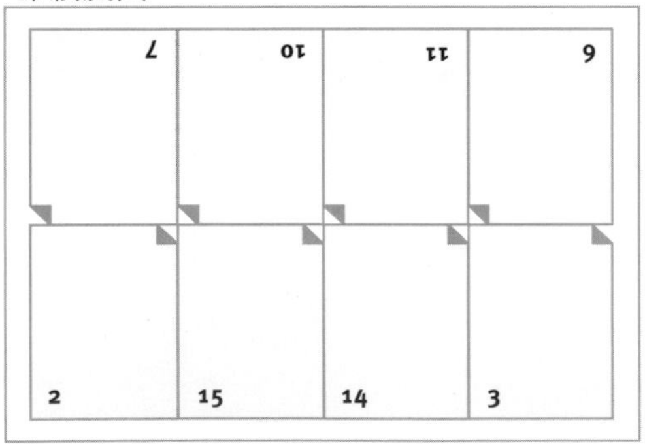

全張印紙成品

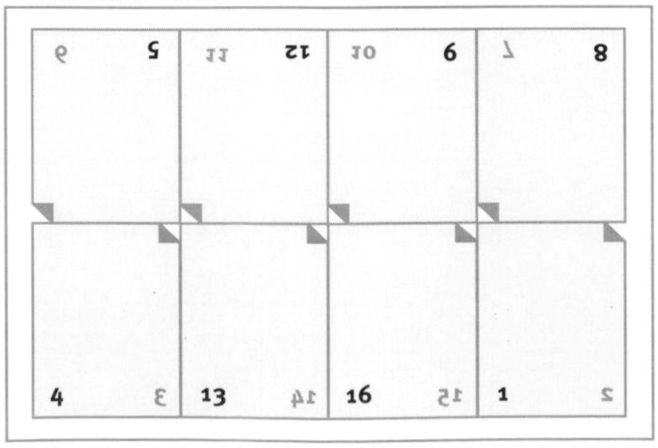

第一摺

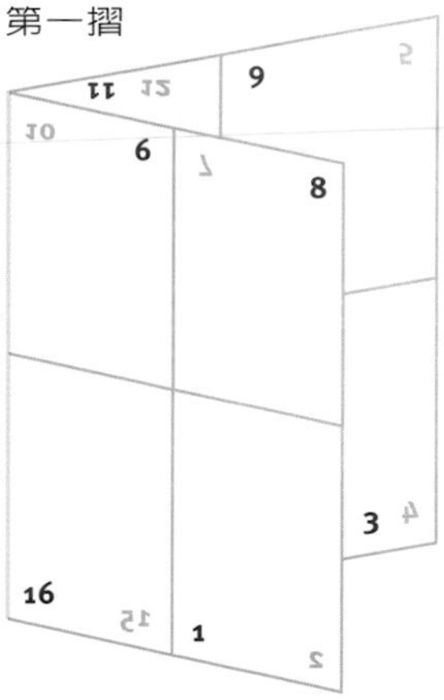

第二摺

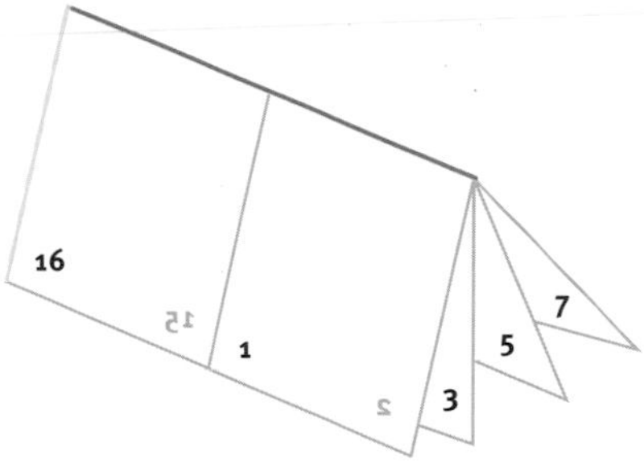

第三摺

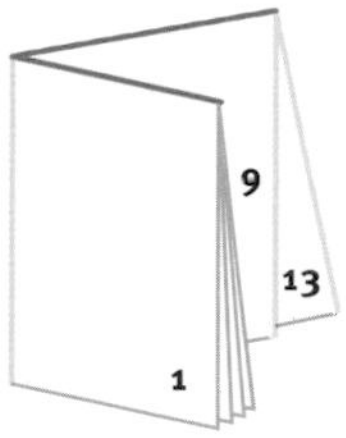

摺痕線1
摺痕線2
摺痕線3

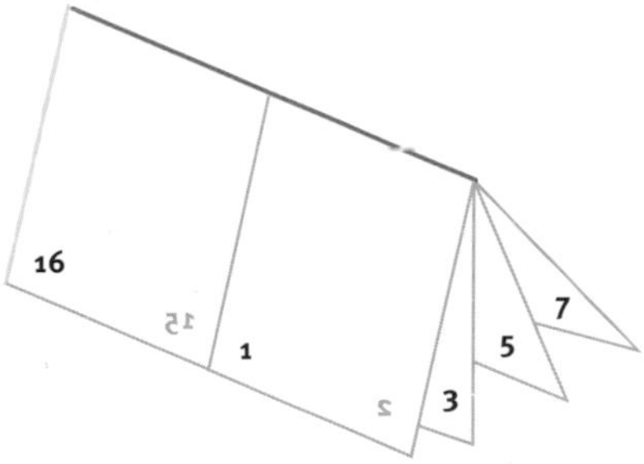

印紙尺寸與印刷之關係

印紙尺寸與落版方式會影響技師調整印刷機的功效。印刷機上的墨槽間隙控制鍵，每一格可增減一吋的出墨量，而當一張印紙經過時，此出墨量影響該全張印紙從前端至後緣的油墨濃度。因此這個事實就成了落版時很重要的考慮因素，尤其當印紙上吃墨較多的重要圖像，一個緊接一個編排時，若針對某一個圖作些微的油墨濃度調整時，可能會嚴重影響後來跟上的其他圖像。

圖示為印刷機油墨調整之影響方向，油墨調整後之出墨量影響該全張印紙從前端至後緣的油墨濃度，如箭頭所指。

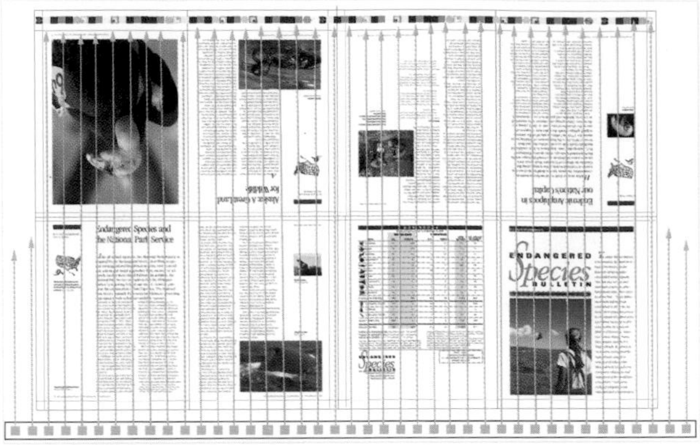

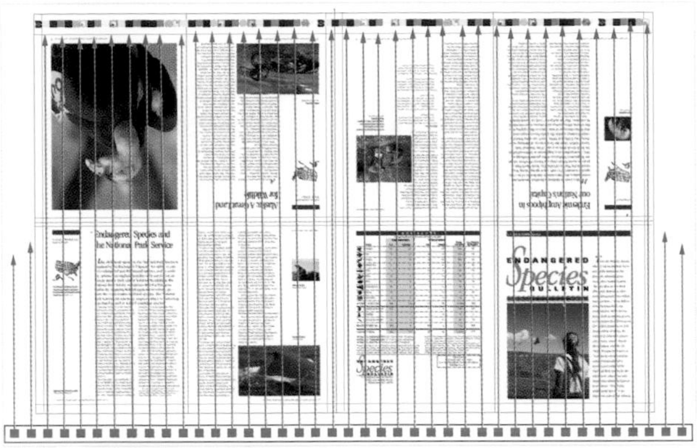

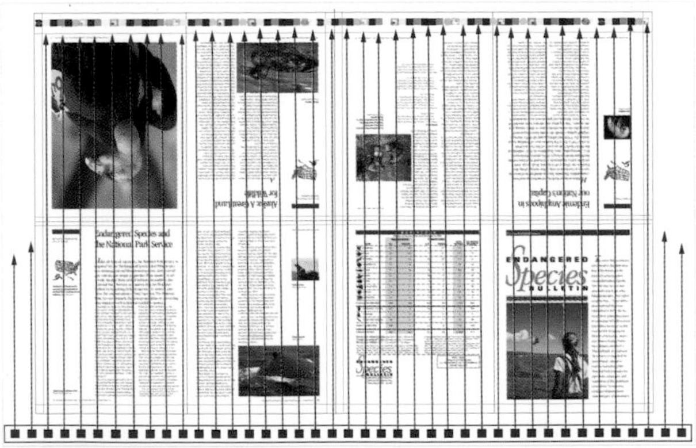

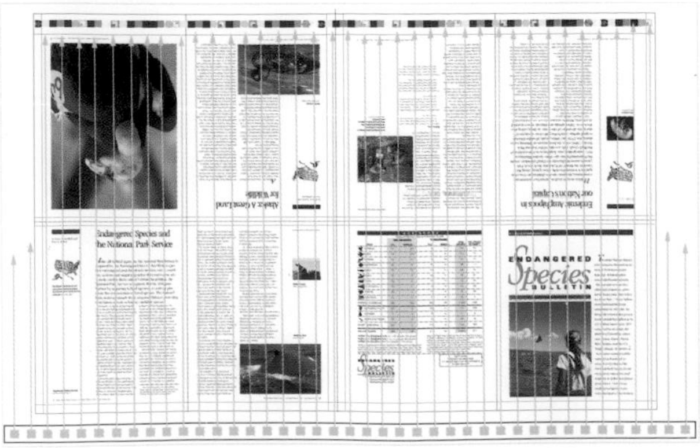

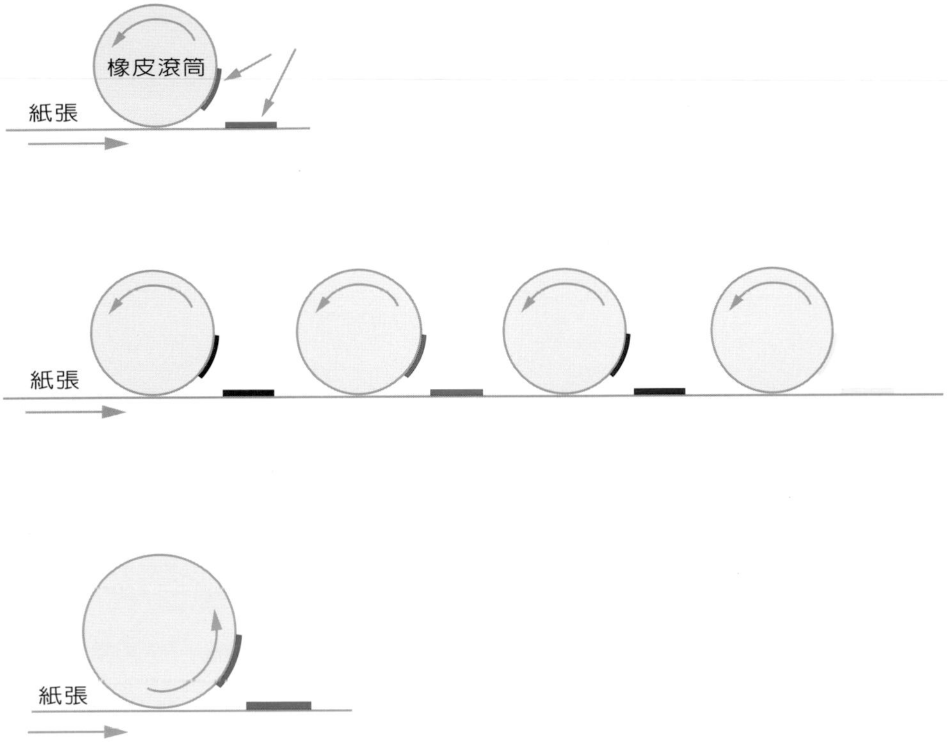

不論是單張餵紙平版印刷機，還是捲筒紙平版印刷機，兩者之印版滾筒上的油墨性質自始至終都一樣。左圖為紙張經過單張餵紙平版印刷機的剖面示意圖。

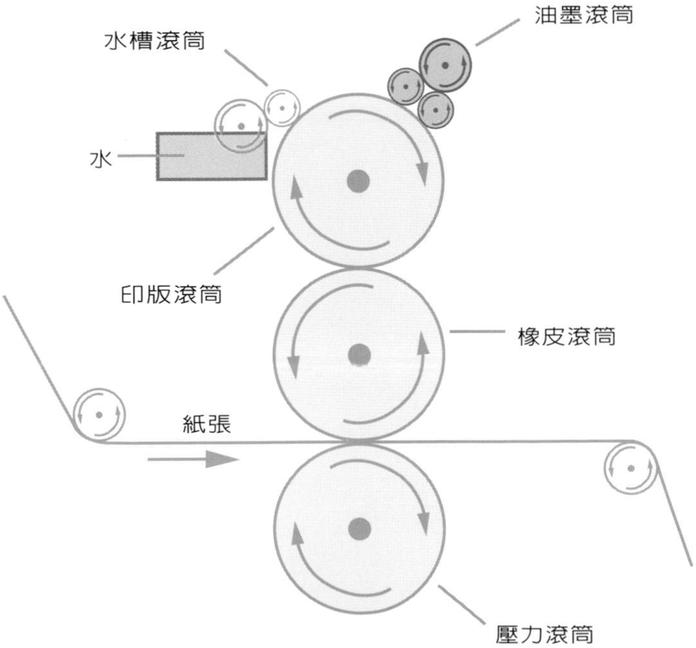

左圖為捲筒紙不間斷地經過捲筒紙平版印刷機的剖面示意圖。

「左右輪轉版」是目前最常採用的印刷方式，雖然「天地輪轉版」印刷方式較少使用，但是如果印件不需要太精準的對版條件的話，也不失為一有效的印刷方法。兩種方式都是使用單塊印版，在紙張正反兩面印刷成為雙份相同的印件。「左右輪轉版」印刷是使用同邊咬口，故較不影響對位準確度；「天地輪轉版」印刷是使用不同邊咬口，故極易造成對位失準。

4頁「左右輪轉版」

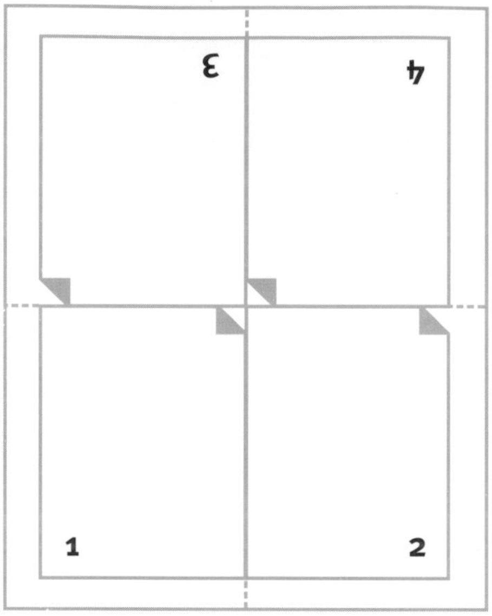

4頁「天地輪轉版」

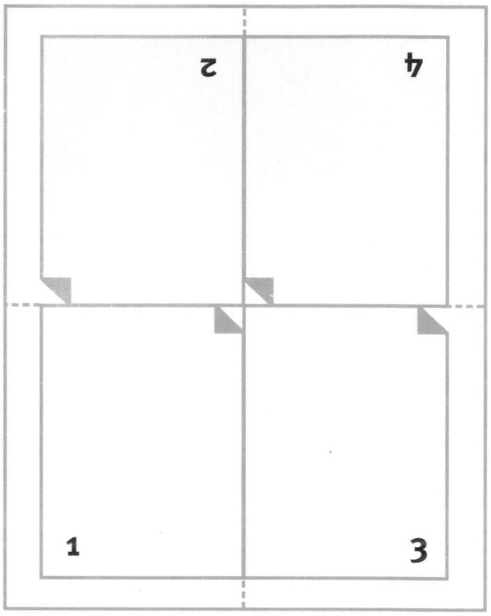

輪轉版

把一個印紙上之正反面圖紋，經拼版手續將之全部拼在同一塊印版上，再利用左右輪轉或天地輪轉方式，使紙張兩面重複印刷後，再裁切成兩半或成對的數模印件，即得正反不同圖紋的印件，這種落版印刷方式稱為輪轉版，又可分為「左右輪轉版」與「天地輪轉版」兩種。

「左右輪轉版」在印刷時，印紙正反面的印紋全部拼排在同一印版上，也就是印版的一半是正面的印紋，另一半則是反面的印紋；當印紙的一面印刷後，再將印紙左右翻面繼續以同一印版印刷，然後沿垂直於紙張長邊的中心線切開，可得雙份「對開」的印件。這種輪轉版的好處是印紙的咬口位置不變，比較不會影響對位的準確度。

「天地輪轉版」也是使用單塊印版，當印紙的一面印刷後，再將印紙前後（天地）翻面繼續以同一印版印刷，然後沿垂直於紙張短邊的中心線切開，可得雙份「長對開」的印件。因為天地輪轉印刷需要換咬口位置，所以極易造成對位失準是一缺點。

一帖八頁8.5×11英吋的印件，若以40英吋的印刷機來印製，可以採用十六頁左右輪轉落版方式，可得雙份相同的印件。這種落版方式對需要大量成品的長版印刷，確實可以減少許多重新對版位、重新設定與機器運轉的時間，也可降低印刷成本。

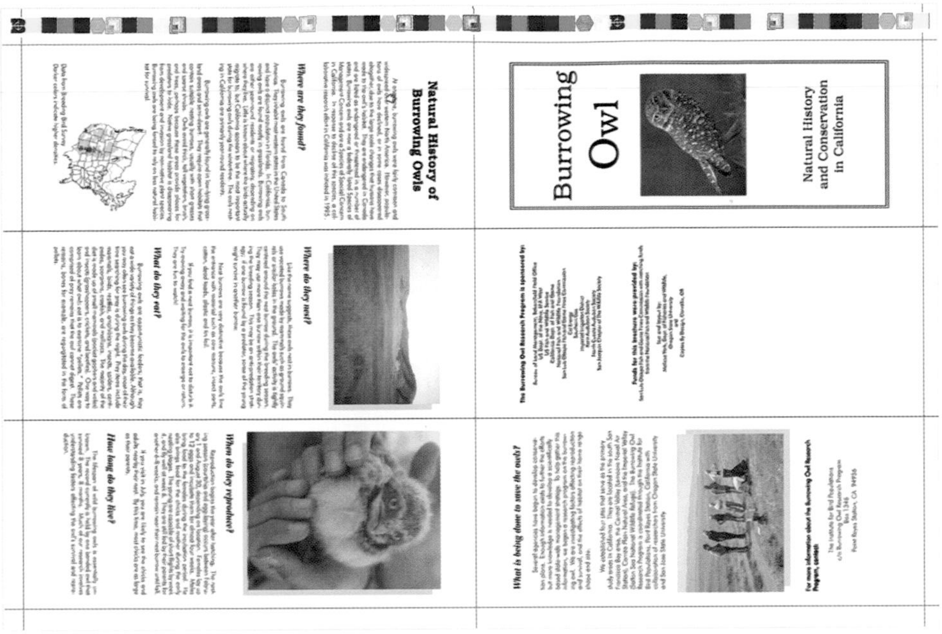

此摺頁是以「左右輪轉版」法在12.5×19英吋紙上印製。

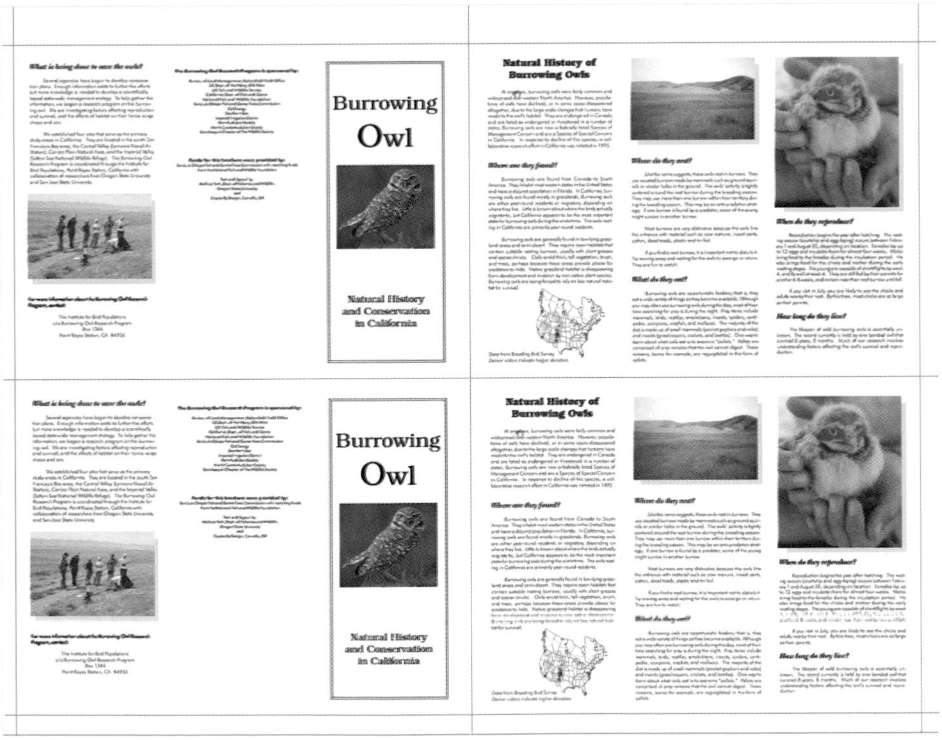

這是另一種「左右輪轉版」落版方式，可同時得到雙份相同的印件；此法可以減少許多重新對版位、重新設定與機器運轉的時間，可降低印刷成本，非常適合長版印刷。

高品質的油墨、高級的銅版紙，加上精確設定的印刷機，才能印製優良的彩色成品。能夠提供此種軟硬體服務的印刷廠，其合理收費都不會太低；反之，不合理的低價絕對不可能有優質的產品。

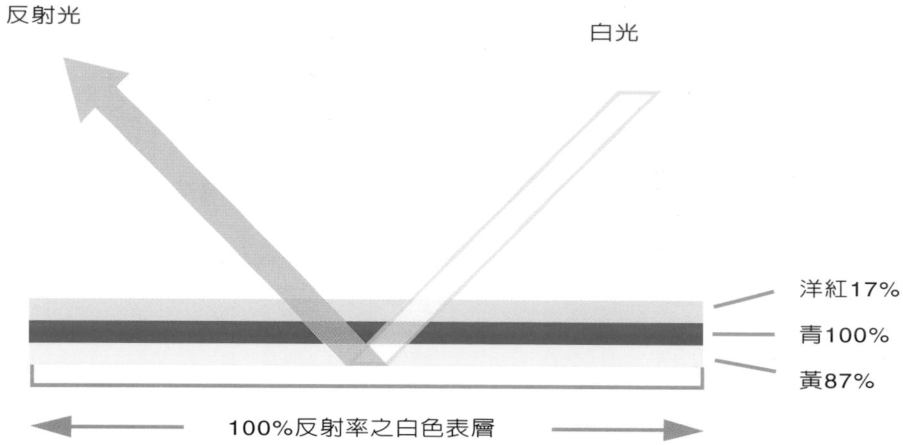

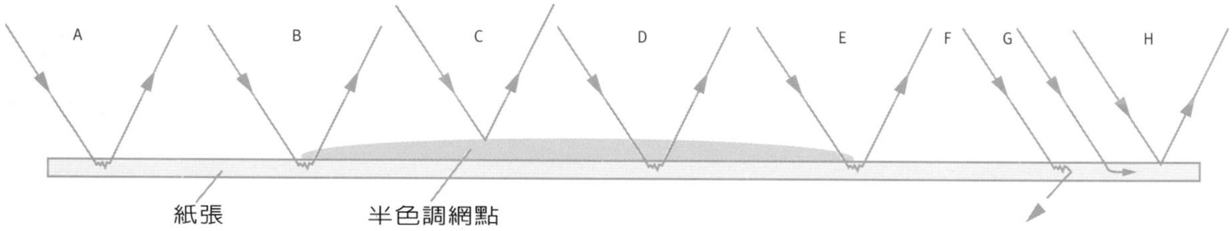

A,B,D,E：漫射光
F：透射光
B,E：Yule-Nielsen效應
C,H：直接反射光
G：光線被紙吸收

印紙或是打樣上之色彩的再現，主要是一系列光線的反射、折射、吸收等光學作用，加上眼睛的生理作用而形成。此簡化的示意圖說明，光線照射到印紙上的半色調網點後，主要的光線物理行為。由於打樣所用的色料，與平版印刷所用的油墨之性質不太相同，所以它們的物理行為也略為不一樣。

印紙對位

「印紙對位」一詞意指印紙的「前端」與「導邊」的精確對準，用以引導每一張印紙上的同一個文字或圖片，都精確地置於正確的、相同的位置，以利於裁切與裝訂。對現代彩色印刷而言，由於所有的圖文都是在同一台印刷機上印製，所以色版的對位大概不成問題；可是印紙上的整體圖文，可能因為印紙對位不準，而導致每一張上的同一個文字或圖片之位置都偏移，這種失誤對印後的裁切、裝訂作業確實是一大困擾，其結果常出現在讀者的書頁上，例如：跨頁的圖錯離、圖文歪斜等。

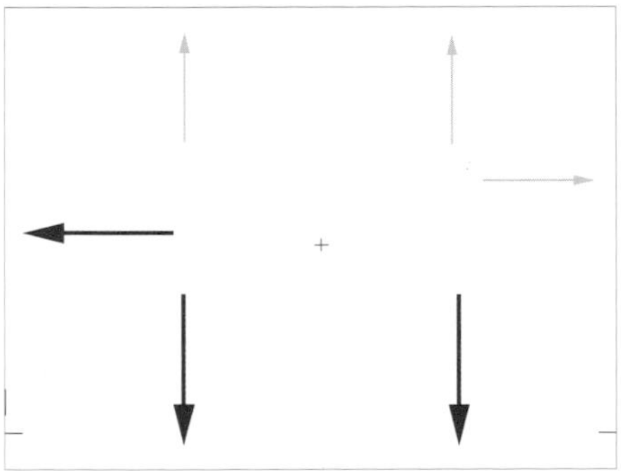

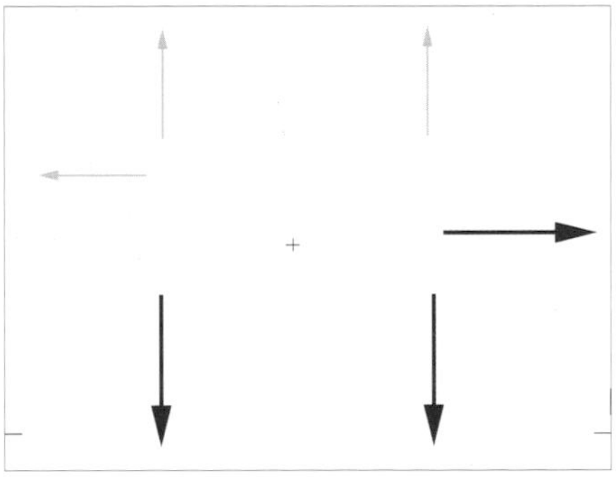

圖示為印紙對位的「前端」與「導邊」，兩者用以引導每一張印紙上的同一個文字或圖片，都精確地置於正確的、相同的位置。灰色箭頭指向紙的其中一寬邊，相反之另一寬邊即為紙的「前端」，另一灰色箭頭所指的反方向即為紙的「導邊」；只要「前端」與「導邊」對位精確，即使因為紙張大小稍微差異，也不致影響整體圖文的對位。

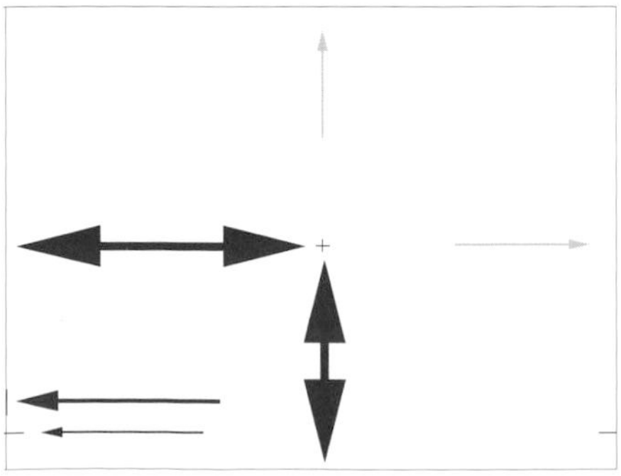

雙箭頭紅色線表示「前端」與「導邊」的相對位置；較小的箭頭紅色線指示紙張邊緣的「導邊」對位符號；最小的箭頭紅色線指示「前端」對位符號。

圖示說明印紙對位的檢視方法。當印刷機開始運轉時，從其中抽出幾張連續的已經印好的印件，把它們平放在桌面上，並左右等齊錯開各頁後，可以看到「導邊」對位符號與「前端」對位符號，如果前者成垂直狀按次展現，其間沒有失落；後者連成一直線，其間無折斷，即表示印紙對位正確無誤。

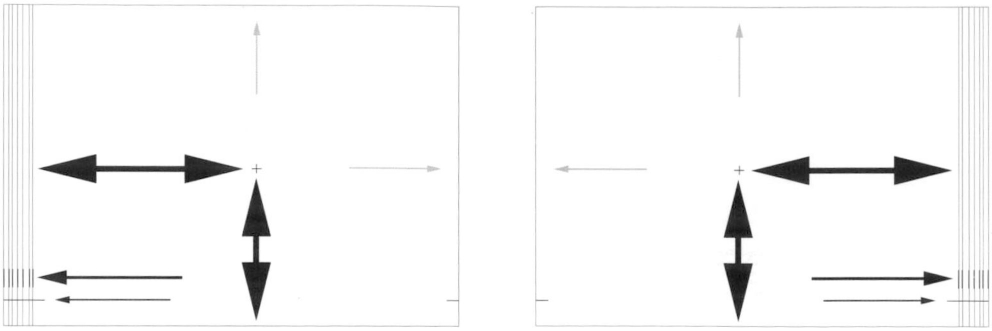

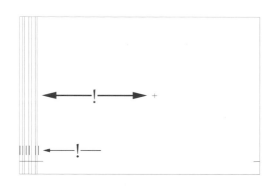

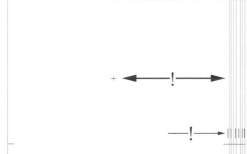

圖示說明印紙對位發生錯誤之情形。「導邊」對位符號未按次展開出現，其間有失落，或是「前端」對位符號未完全連成一直線，即表示印紙對位不正確。此失誤會造成裁切、裝訂作業的困擾，形成跨頁的圖錯離、圖文歪斜等現象。

五彩繽紛的彩色世界

為何要選擇這個專業作為你的事業？每位設計者都可以給你千百個不同的答案，有的是為了創作，有的是為了科技，有的是為了金錢；但是比起最具吸引力的創意自由，其它一切的理由都黯然失色。設計世界充滿無數神奇的想像與探險，它歡迎每一位擁有創意膽識的人到其中盡情揮灑。只要這個世界還有色彩，必定會有平面設計者、藝術家與印刷工作者蜂擁而至，這些人發揮其天分與技藝，終於為我們的生活帶來另一個五彩繽紛的彩色世界。

第五章 摘要

彩色印刷是一種高科技工業，卻也是一種較充滿主觀變數的工業。事實上，每一個印刷案都是設計者獨一無二的創作，如果設計者充份瞭解印刷技術之每一環節，那麼這些變數其實就是設計者的最佳利器。

追求優良的印刷品質一直是印刷廠責無旁貸的責任和目標，也唯有提供高質產品的印刷廠，才有能力投入添購更新穎的設備，來提升更高的服務品質。所以務必記住，不合理的低價位產品也許會導致更高的修改成本。

瞭解印紙規格與落版樣式，可幫助設計者重新檢視設計，減少因落版失當引起的品質損失與金錢浪費。此單元所論及的都是有關此方面的知識，期能確保你的印刷工作順利完美。

網頁的色彩

青、洋紅、黃、黑（CMYK）是彩色印刷世界的四大金剛；在網際網路虛擬世界裏，紅、綠、藍（RGB）色光，則是三大天王，缺一不可。

100%的紅光、100%的綠光與100%的藍光等量相混，可得如螢幕上的白光。你可以使用10倍放大鏡或看片器，親自檢視自家的螢幕以證實。

紅綠藍RGB色光世界

在此章節以前，本書討論的重點是以CMYK為主軸的彩色印刷；但若忽略了設計者極易碰觸的網際網路之RGB色彩領域的諸問題，那麼此書就有缺憾不能算是完整。

所以接下來就要開始討論以紅、綠、藍色光為主軸的色彩世界。網頁設計需要另一套有別於印刷設計的全新觀念與視覺重建，外加一些本能與運氣。在以CMYK為主軸的彩色印刷世界理，設計者若錯將RGB圖檔視為CMYK圖檔，必定後患無窮；但是在網際網路世界裡情形正好相反，因為這是一個RGB的彩色光世界。

正如在第三章談論到，RGB是加色法色光模式，亦即將100%的紅光、100%的綠光與100%的藍光等量相混，可得如螢幕上的白光；反之，若RGB的成分均是0%，那麼就是無光的一片黑暗。理論上而言，只要我們將RGB三色光，分別以各種百分比的分量相混，幾乎可以再現自然世界的所有顏色，也就是可在24位元的螢幕上呈現16.7百萬種顏色光。

此簡化示意圖說明電腦螢幕上光點的產生原理。電子從電子槍發射，穿過一個彩色像素後就激發呈現該顏色。對頁上的圖說明CMYK彩色印刷呈現顏色的基本原理，色彩主要是以反射方式進入視覺，有別於螢幕的透射方式。

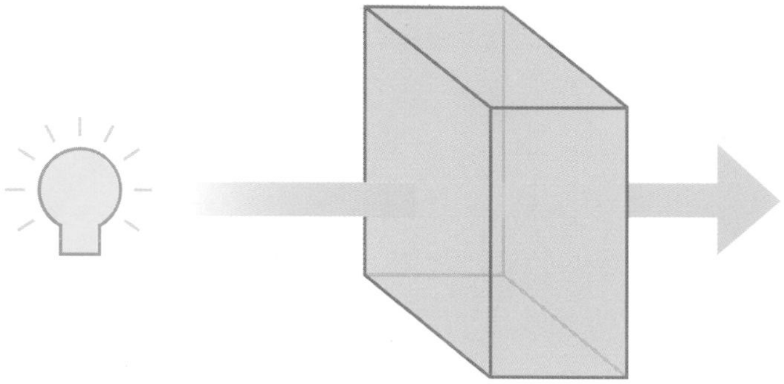

網頁RGB色彩詳論

對經驗豐富的設計者而言，RGB色域與CMYK色域之間的觀念轉換並非難事，但是初道者還是應該從基礎開始著手，學習整個RGB色彩體系的基本架構。在此色彩系統裡，三色光的濃度是以0至255之數字來標示，數目越大表示該色光的濃度越大，例如R 255、G 255、B 255相混合得到白光；R 0、G 0、B 0相混合得到無光的全暗；R 0、G 0、B 255相混合則得到純藍光。

理論上而言，一般螢幕應該可以呈現約16.7 百萬種色彩，但事實上由於許多因素的限制，所以無法完全達到上述的數據，最主要的關鍵就在於數位檔案的格式，與電腦螢幕的最大「位元深度」。電腦螢幕是由無數個代表「0」與「1」的光點以陣列方式排列而成，每一個光點對應影像中之一個「像素Pixel」。構成影像之像素的色彩，是以電腦最基本的單位「位元bit」來表示，每一個像素所能表達的顏色數目，就看電腦使用多少個位元，或謂之「最大位元深度」。最簡單的是以一個位元來表現一個顏色；一個位元有兩種選擇：「0」與「1」，當值為「0」時表示關，像素就呈現黑暗；當值為「1」時表示開，像素就呈現白光。所以只含一個位元的像素就只能呈現黑白兩種顏色（黑白螢幕），要增加顏色的數目，就必須增加「位元深度」。如果以4個位元來表示一個像素的顏色，就有16種顏色（每個位元有2種選擇，4個位元有2的4次方，共16種組合，所以最多有16種顏色）。同理8位元的影像就可以有如下的可能組合：00000000、00000001、00000010、00000011…等等，直到11111111 ，共有2的8次方256種組合，所以最多有256種顏色。依此類推，16位元的影像就有65,536種顏色（256×256），

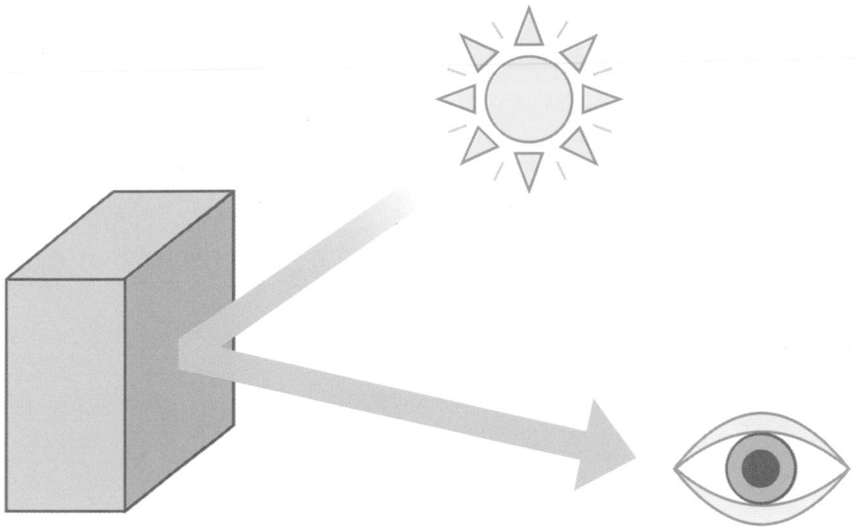

24位元（RGB各8位元）的影像就有16,777,216種顏色（256×256×256）。

依此原理，當我們以下列數據：R 133、G 96、B 168，定義一個RGB色域的顏色時，24位元的電腦就會自動將這些數據轉譯成：R 10000101、G 01100000、B 10101000，此些資訊再轉換成顏色，即成為螢幕上可見的「淡紫色」。雖然目前支援24位元的電腦已是司空見慣毫不稀奇，但是8位元或16位元的電腦，在其他不需要考慮太多色彩因素的商業場合，仍被廣泛使用；如果你從事的是設計工作，建議一定要使用24位元以上的電腦，並支援該作業系統的螢幕；16位元以下的電腦是無法正確重現顏色的，萬一在這樣的電腦上執行24位元的影像，作業系統會運用一特殊「色彩剔除法」，將系統無法表現的顏色，轉譯成系統色盤內最接近的顏色，以取代之。這種不得已的折衷法，無法滿足色彩豐富的像片影質，被取代的色彩被大量簡約化後，影像的色調層次頓失無遺。

當你準備製作網頁用影像前，務必永遠記住上述之諸重點，因為你總希望所製作的網頁，能為所有的電腦瀏覽，不論其為24位元、16位元或是8位元。為了達到此目的，設計師會將網頁上的圖檔，儲存成大家慣用的GIF格式（Graphics Interchange Format），它的色彩模式是8位元，故僅有256種顏色，適用於色調層次要求不高，但外廓清晰的圖像，如線條、色塊、動畫、標誌與標準字等。網頁設計師應用一些影像處理軟體如Adobe Photoshop、Macromedia Fireworks等，來降低影像位元深度，剔除某些色彩縮小圖檔大小尺寸。這類軟體都內建預覽視窗，讓使用者能立即看到影像模式轉換成GIF格式後的效果，以方便能在影像品質與圖檔尺寸兩者間取得最佳之平衡。如何在類似的兩難間穫得妥協，真是網頁設計最大之挑戰。舉一例子，假使有一彩色商標準備儲存成GIF格式，我們先使用「消除鋸齒狀」功能，以增加插入值的色彩，彌補線形或色塊外廓之鋸齒狀缺點，可是會造成明顯的模糊狀邊緣，不但增加色彩種類，也增加圖檔的大小尺寸與傳遞資料的時間，這就是兩難之困境，唯有靠設計者自己的經驗判斷能力來取捨了！

另一種網頁設計常用的檔案格式為JPG或JPEG（Joint Photographic Experts Group），一般的照片影像、高階藝術影像常被儲存成JPG格式，它的色彩模式是RGB 24位元。JPG是一種選擇性的破壞壓縮格式，可依需要自設壓縮程度以減小圖檔尺寸，但是壓縮程度越大，影像的色調層次越粗糙，清晰度越模糊；色域範圍或多或少都受影響。

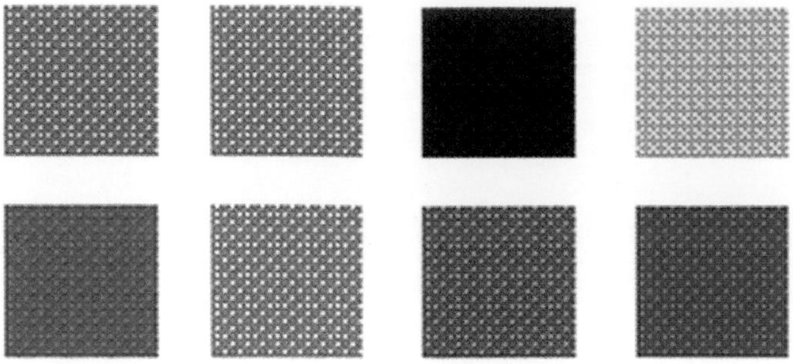

影像中若有超越網頁安全色盤的顏色，在8位元電腦螢幕上觀看之，會有如圖例所示之網點現象，而且每一種顏色的格網狀不盡相同，不論如何，這些都是令人不愉悅的視覺缺點。

網頁安全色盤

為了讓所有電腦不論是Mac或Pc平台都能瀏覽所製作的網頁，一般網頁設計師都習慣使用216色色盤，或謂「網頁安全色盤」，在此色盤內的所有顏色，幾乎可在任一電腦彩色螢幕上再現，即使其只有8位元256色；通常Mac或Pc電腦由於作業系統不同之關係，其色盤與色彩種類會稍微不一樣。

如果使用的顏色超出安全色盤，該色在8位元的電腦螢幕上，會呈現彷如印刷的網屏現象，這是因為電腦會以模擬的運算方法，插入一些安全色盤上有的顏色，以取代超出的顏色。彩色印刷網屏是整個印刷術的根本，假使缺少它彩色印刷就無法達到今日的地步；不幸，網頁上的「網屏現象」卻是一個讓人不悅的視覺缺點。

目前幾乎所有電腦的作業系統都支援16到24位元顯示器，所以上述情形只可能發生在8位元的電腦。如果你希望所有的電腦，都能正確地看到你製作的網頁，那麼在處理網頁色彩時，應緊守安全色盤才不會有失誤。大多數電腦繪畫軟體，或網頁編輯軟體如Adobe GoLive、Macromedia Dreamweaver，都內建網頁安全色盤選項，供使用者在製作網頁時選用安全色彩，或在影像處理完成後，直接轉換成網頁慣用的檔案格式例如GIF ，讓影像的色彩僅限於安全色盤範圍內，此選項甚至具預覽功能讓使用者檢視之前與之後的效果。如前所述，JPEG格式圖檔是24位元色彩模式，其色盤顏色不可能減少。

網頁色調測試

網頁上的顏色調子會隨顯示器、作業系統、瀏覽軟體之不同，而有明顯的差異；所以要在網路世界裡嚴格要求色呈色一致，幾乎是緣木求魚，至目前為止是不可能的任務。網頁設計者不但要知曉上述之差別外，尚須瞭解兩大電腦平台，麥金塔Macintosh與視窗Windows在顯現色彩方面之主要不同。在預設狀態下，Windows系統顯現之影像，會稍微比Macintosh系統之影像暗些。另外，微軟的瀏覽程式IE（Internet Explorer）與網景Netscape的Navigator，在詮釋網頁色彩時也不盡相同。由於差異確實存在，所以在設計網頁時就要把這些作業系統、螢幕、瀏覽程式等的差異因素，預先考慮並作測試，例如改變螢幕的位元深度，或是調整螢幕的亮度等，麥金塔Macintosh作業系統內建一套Adobe螢幕校正程式，專供修控螢幕的亮度與對比等值（稱Gamma值），設計者可藉此工具程式來調整Macintosh作業系統，讓其螢幕的色調，盡量與Windows作業系統的接近，此為一例。

網頁設計者、客戶、客戶的顧客三者所用的電腦平台不盡然相同，所以經由仔細的色調測試並預先調整，以減少三者間因視覺落差產生的誤解，是網頁設計者必須努力的重要工作。

在網頁設計中，色彩一直是非常棘手的要素，如下圖中的暖色與寒色，在不同的電腦作業系統中，會有各式各樣的色調差別。由於設計者不可能具備各種電腦平台，所以很難充分掌握這些變異；唯一能作的就是堅守「網頁安全色盤」，不要讓顏色超乎此色盤範圍，對於某些以色彩為主的網頁設計案，使用顏色更要謹慎。

從圖例兩隻老虎彩色影像中，可以體會網頁色調會因電腦作業系統與瀏覽程式不同而迥異，雖然兩圖的色調不一，但是其影像之品質卻不因此而互異。

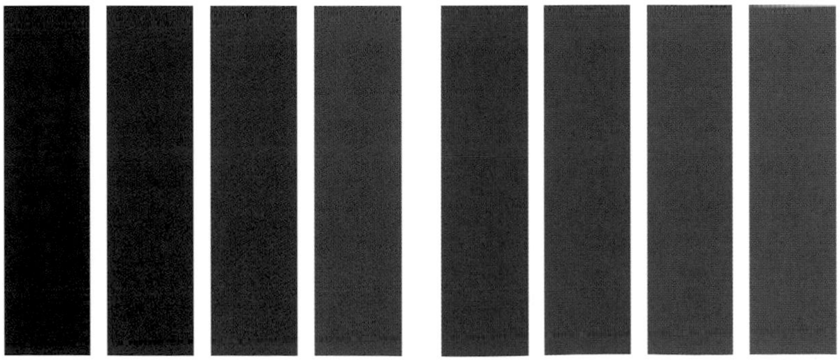

網頁最佳呈現

對熟悉印刷設計的人而言，網頁設計又是一嶄新的領域，印刷品一旦印製出就成定局，其畫面上的各種要素與整體的視覺效果，很少受到觀看者之個別差異而改變。相反地，網頁是完全以色光為基礎的視覺媒體，其中包含許多印刷媒體所沒有的要素。由於RGB與CMYK色彩模式間的差異，一些諸如中低彩度、中明度的顏色，在轉置於網頁後，便完全走樣。所以說從事印刷設計的人，如果要涉入網頁設計領域，必須重新思考、學習RGB色彩世界，並非過分之詞。

儘管印刷與網頁之間存在許多差異，但是使用色彩的基本原則，仍然有很多相通之處；即使使用網頁安全色盤上的有限顏色，網頁設計配色的方法、冷暖色的調和、主色調之把握等等，都與印刷設計用色一樣。兩者都是相輔相成的商業媒體，客戶與消費者對作品的正面反應，是成功設計師聲譽評價的保證。

堅持簡潔

親切、友善、簡潔、易懂，是網頁設計色彩應用時最重要的指導原則。 假設網頁只有黑、白、灰明度階，當然其對比和圖文的可視度，會提高許多，讓網頁更容易閱讀，但是這種網頁大概無法吸引使用者。也許網頁安全色盤的顏色種類有限，不過這並非限制我們創作之主要藉口，只要使用得法用最簡易的材料，製作圖文並茂、簡潔實用的網頁並不是不可能。

色彩對網頁的視覺誘導非常重要，如果一個網頁上的「點選圖像」和「點選欄」之顏色與位置，都合理地依據人類的視覺心理原理來佈置，那麼網頁使用者一定毫無困難地循序找到有用的資料。錯誤的色彩應用會干擾使用者的邏輯思維，令其產生挫折感並放棄追尋動作。例如瀏覽者把游標移向與其他文字不同色的一排字詞，按其多年使用網頁的經驗認知，期待它是應該一個超連結，但點按後並無連結動作，這種色彩的誤用會讓使用者不悅並退卻離開。

下兩頁提供幾個簡潔俐落的優秀網站首頁給各位參考，它們都具備親切易懂、簡單實用的美感，但是並沒有喪失熟練運用色彩之本質，是相當不錯的作品。

潔淨無華的設計、現代感的配色、簡單易懂的使用介面，讓這兩個優秀網頁獨樹一格。其色彩豐富的標題與有趣的「點選圖像」和「點選欄」，是造成有力的視覺誘導之原因。（Paul Baker印刷公司、Peter King公司／圖）

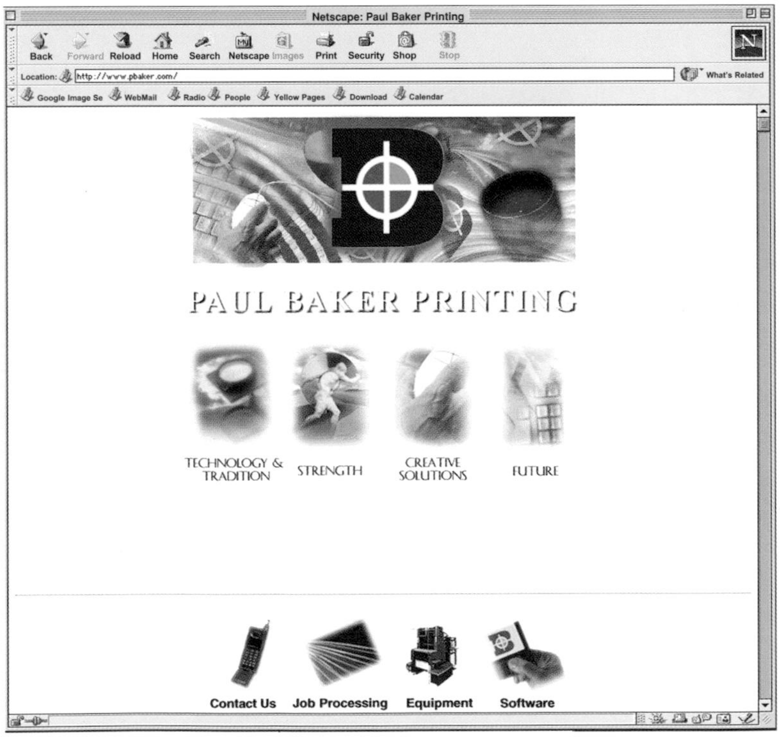

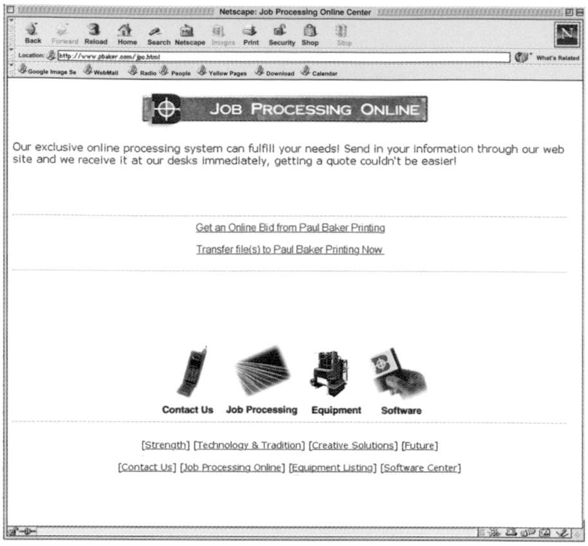

清爽的格調、簡潔的配色讓網頁充滿和協安穩之美感。網頁上的企業標誌與標準字連貫整個網站，是統一與整合的主要媒介。清晰易見的點選小圖像與整齊的文案，提升網頁的易讀性。（Paul Baker 印刷公司／圖）

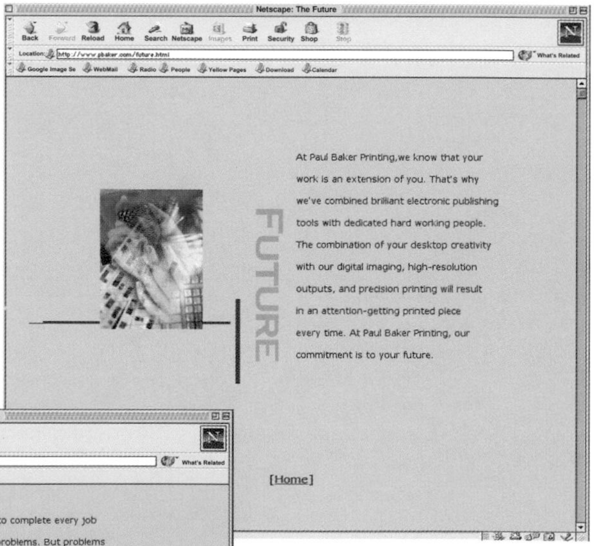

強烈有力的黃色背景襯托簡單的唯一影像，單純優雅的色調，形成極大的視覺衝擊力，深深吸引使用者的注意力。（Paul Baker 印刷公司／圖）

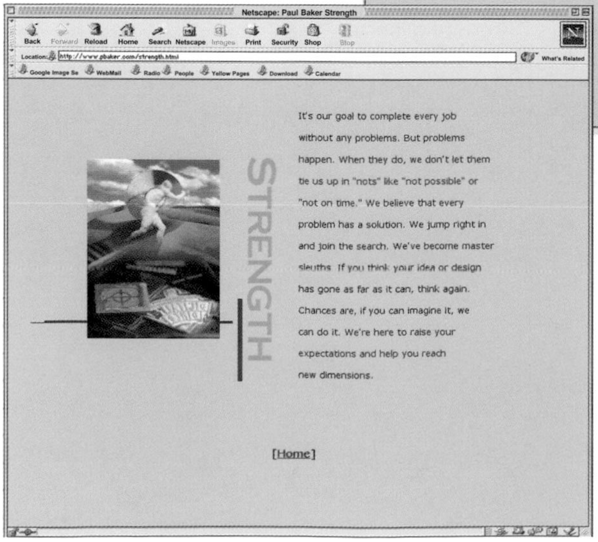

由於網頁設計的自由度較大，不若印刷設計之技術性限制大，所以常有過度設計或用色無節制之偏差發生。網頁上置入太多訊息或使用太多顏色，會破壞使用者的邏輯思考，造成迷惑和失誤判斷，當他產生挫折感時便很容易退離。網路世界裡類似此種網站比比皆是，其流失的商機與可能的接觸時點真是無可計量，其實只要一點點留心與觀念就能夠挽回喪失的機會。

回想一下所瀏覽過的網站，那一個網站最吸引你再回去？那一個網站提供了你最需要的資訊？我們在網際網路中所看到的，大部分是五光十色、動畫閃爍、支離破碎的網頁，尤其網頁編輯軟體越來越容易使用，功能越來越強大，這種曇花一現的網頁越來越充斥，但是它們很少讓我們找到正確有用的資訊。如果我們可以從其中學到教訓，那就是越簡潔、越容易使用的網頁，越受使用者歡迎。

掃描網頁用圖像

網頁設計和維護經費中，有一大部分是專業圖片掃描開支；也許有人認為用自家的平台式掃描機自己掃描原圖就已經夠好了，但是一旦呈現在網頁上，它們之間的優劣程度就一目瞭然了。專業的作法是把所需的原圖送交專業掃描機，以高階掃描後儲存於光碟片，需要使用某一影像時再從光碟呼叫出之，此時就可以用影像處理軟體裁切、重設影像尺寸等，並依需求條件將影像轉存成網頁用格式，例如Adobe Photoshop就內建一預視小程式，其上有許多選項，可以與原圖同時比較下，決定所要轉存的網頁圖檔格式，非常方便實用。建議專業掃描時應以RGB色彩模式、高像素的條件處理，因為RGB的色域比CMYK寬廣，而且Adobe Photoshop的某些功能在CMYK色彩模式下無法操作。從高像素的影像轉換成低像素的影像，不是難事，但要逆向行之則不可能。

色彩與色彩間相互影響的現象，完全是視覺心理層面的作用，有時候超乎我們的直覺。例如將眼睛直視綠色背景的中央約30秒，然後再快速轉視白背景的中央，此時應該可以看到紅色幻影。網頁設計也應該注意類似之色彩錯覺現象，避免誤導視覺。

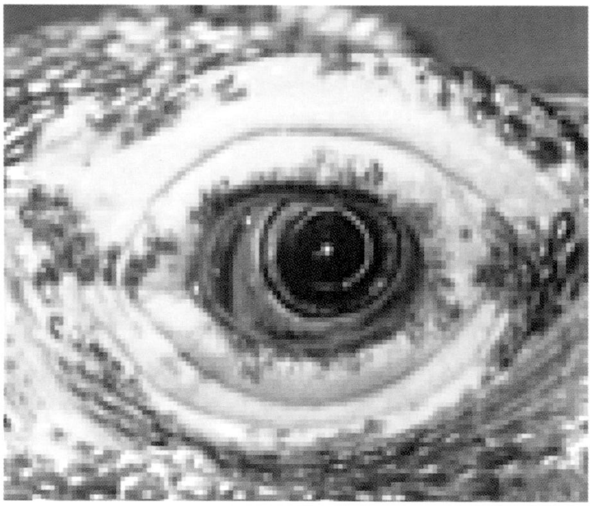

以72dpi解析度掃描的影像很適合用於網頁，但是同尺寸的該影像就不適用於高階印刷，因為其72dpi解析度無法滿足印刷網點之需求條件。

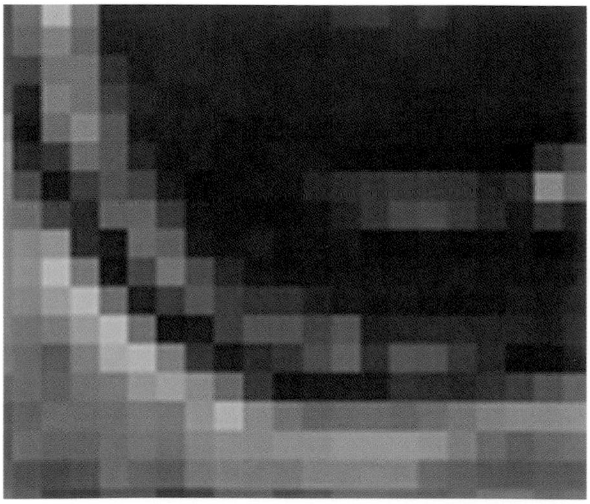

色彩與對比

文案的易讀性與其所處的背景色有極大的關系，背景色與文案色之間的對比性越大，文案的易讀性越高。所以把文案放置於適當的背景色上，產生兩者間之對比以提高文案的易讀性，是網頁設計常用的方法。但是請記住，根據統計約十二分之一的男性患有各種程度的色盲，所以上述的方法對他們而言並無作用，不過對一般使用者都能產生視誘導作用，使他們很容易指向關聯處，找到有價值的資訊；此時使用者對該色彩原存有之文化、社會背景等價值觀，就不會太在意了。

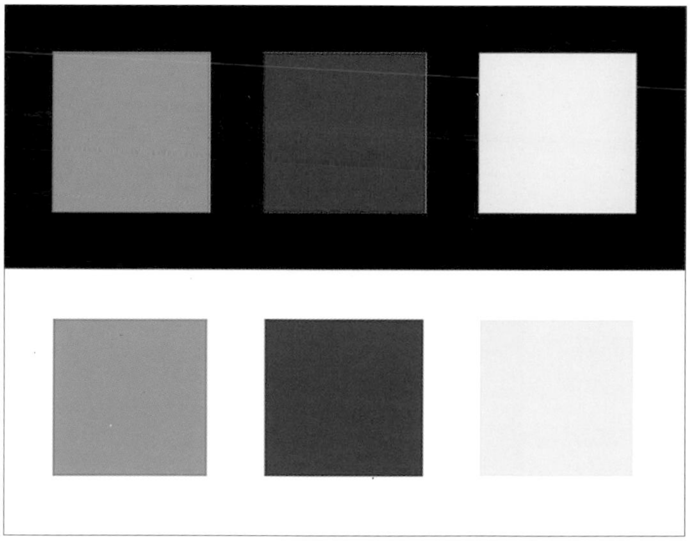

色彩理論所謂的「同時對比」現象，能使人產生錯覺。圖中黑背景色上的三色塊之大小與亮度，似乎較白背景色上諸色塊的大。

適當的對比會有較高的易讀性與亮麗的畫面，反之對比性太低會降低可讀性，阻礙使用者進一步探索之企圖。互補色之間的對比，容易產生互相增強之效應，但是其交接處會有閃爍跳動的錯覺。

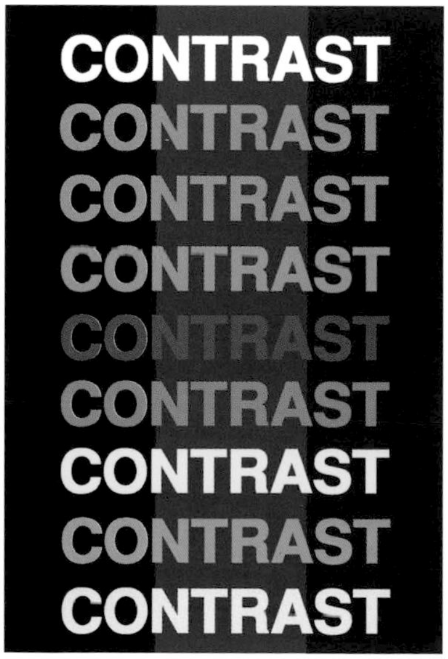

網頁色彩調和

無論是印刷或網頁，單一色彩出現的機會很少，大多數的情形是多色雜陳，如何讓這些色彩和平相處是設計者的專業工作，這種配色方式稱為「色彩調和原理」，調和的畫面令人有穩定、安和、愉悅的視覺感受。以下提供一些頗具色彩調和效果的網頁實例，它們只是示意圖，意即當中的主圖代表主要畫面的色彩主調，邊框和點選小圖像，是根據頁面主調再從安全色盤上，或是主圖上選取適當的顏色以配合之，兩者的份量雖然小，但卻有舉足輕重安定整個網頁之效，每一幅都代表一種網頁色彩主調，可作為網頁設計的用色參考。建議每位設計者都應該自行建立一套類似的參考資料庫，一旦接獲設計案就能很快切入。網頁配色並無一定的規則，盡量勤於測試你就會發現色彩充滿了無限的可能與魅力，假以多時日的自我訓練，你必養成掌握配色美感的直覺，就能隨心所欲使用顏色，獨創優秀的網頁。

暖色調

圖例中的紅色外框與點選小圖像，統整了畫面的暖色主調；寒色調具有與暖色調完全不同的色彩個性，若要共處一室而不相互衝突，就要在分量上仔細拿捏。暖色調具有舒適、熱情的個性，周遭的氣氛常受它影響而顯得香醇濃郁，即使是深暗的巧克力，也絲毫不減其暖色調的本質。

中性色調

中性色調有安定穩重之性格，在網頁設計中非常適宜採用，是繁雜紊亂的網際網路世界裡的一股清流，但是過度強調則可能會有平淡呆板之缺點，此時可適度在畫面中，點綴一些對比性較高的重點色，讓其有畫龍點睛之效。

豔麗色調

主畫面內充滿彩度濃烈的對比性顏色，紅、橙、藍、綠每個顏色都活潑生動，若不謹慎安置則極易互相衝擊。解決之道如圖例所示：從主圖中選取藍色樣作為外框主調，以呼應主圖，再選與藍色相對的其他顏色，作為小方塊的配色，以增加熱鬧氣氛。如此安排應可安穩大局，但不失活潑本質。

金屬色調

具有金屬與透明玻璃色調的主畫面，一般都較素雅沉寂，缺乏視覺重心。所以圖例中使用紅紫色外框增加其彩度，帶來一些愉悅氣氛。在安排小方塊的配色時就要小心，避免使用太多顏色，破壞原本安靜的特色，所以除了少數幾個小方塊採用彩度高彩度的顏色外，其餘均使用無色的黑白灰階，以安定之。

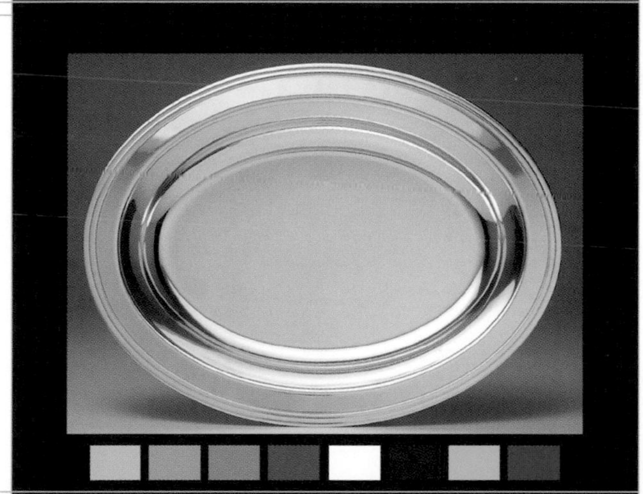

可口色調

設計者接觸食物類產品影像的機會非常多，所以應事先演練一些精湛的配色法以應需求。食物類產品影像大多是色澤豐富、色相繁衆、色感可口，如主圖中的三明治。外框深紫色選自食物中的橄欖，不僅與內圖呼應，也因色調較安靜而穩定大局，並讓食物中的所有顏色都能充分發揮其色彩天性。食物影像以安置於白色背景為宜，因為白色是最乾淨純潔的安定顏色，比較不易干擾食物的其他顏色。

寒色調

以藍色調為主色調的畫面，讓人有冷冽冰寒的感覺，為了緩和此種排斥效應，在外框加入一點稍暖的黃色小方塊以平衡之；建議不要使用紅色、橙色等高暖色調的顏色，以免破壞整個寒色調之氣氛。

透明色調

玻璃的透明質地難以呈現明顯的色澤，這類題材是設計者的一大挑戰。但是玻璃器皿上的反光與其內容物所透過的色彩，卻又是值得細心觀察與規畫。圖例中外框的淡墨綠色就是直接取自主圖影像中，外加器皿內飲料的色彩、玻璃的金黃反光，都是在做小方塊時選用色彩之考慮。

多樣色彩

面對衆多色彩雜陳的畫面，常令設計者不知所措無從著手。若是仔細推敲其實還是有脈絡可依循，圖中的完整掛錶就是此多樣色彩中的主角，一切色彩配色規畫只要掌握此主軸即可。所以淡黃色是外框主色調，另外以彩度較高的其他衆色作為小方塊的選色，這些小方塊可以維繫安定與熱鬧之間的視覺效應之平衡。

大面積色塊

圖中人物的紅色衣物佔據很大之面積，其分量幾可與灰暗調之背景相當，在此種情形下要為外框找出一個色調來統一全局，就需要仔細思量。此例的作法是選取衣物與頭飾上的藍紫色作為外框色。再選衣物上的重點色，黃、淺綠、紅等，外加背景的深綠，作為小方塊色調，以加強其活潑氣氛。總之，外框的用色為的是安穩大局，小方塊則有內外呼應與畫龍點睛之效。

簡單色調

此圖是探討如何在有限的兩種色彩中，建立畫面主色調最好的例子。主圖大約只由灰藍、灰紫兩色調組成，頗富神秘浪漫氣息，所以在作主色調計畫時應該盡量保持此感覺，不要破壞之。優秀的設計人應該演練各種主色調架構的方法，從最簡單到最複雜的色彩個數都要能就輕駕熟。

高反差色調

一般而言，畫面中若同時存在許多高反差的要素，要想以主色調方式來統合它們，確實相當困難，但並非不可能。圖例中的暗位與亮位之明度相去甚遠，再加上散落的雨花光點在深暗的背景襯拖下，對比的效應更顯急劇。此案的作法是以最暗處的墨綠色為外框主色調，來統合畫面諸多高反差的要素：曝亮的草地、紅色的雨傘、傘影下的人物等等。再引進一些重點色，如泳衣上的亮麗諸色，作為小方塊之配色，至此整體畫面會顯得較和諧穩定。

詞彙解釋

A

Accordion fold（旋風摺）：將一張長條紙捲成連續Z型摺疊的摺紙方法，中式古書常採用之。

Acid-free paper（無酸紙）：不含酸性化學物質的紙張，不易氧化變質可長久保存。

Additive color（加色法色彩）：就是指以紅、綠、藍三種原色光為主，來產生不同顏色的色彩體系，電腦或電視螢幕就是一例；相對地，印刷用的色彩是減色法色彩體系。

Against the grain（橫絲流）：與抄紙長邊方向成垂直的紙紋方向。

Antialiasing（防止鋸齒狀）：或稱平滑處理，將點陣圖形的鋸齒降低的技術，方法是在點陣狀的像素與背景間，加入兩者平均值的色彩，使肉眼看到的畫面顯得較為平順。

Antioffset spray（防止反印的噴霧處理）：將乾燥植物性細粉末噴於印刷品表面以防止油墨相互反印的作業。

Aqueous coating（水性膠液上光處理）：以水性基底為主的膠液，塗佈的質感選擇性多樣，從光滑亮麗到霧面柔光等應有盡有。成品經過高速烘乾系統處理後，產生一層堅實的保護膜可抗潮濕與磨損。

Artifact（明顯痕跡）：由於複製硬體設備或軟體的限制在影像上產生顯而易見的缺點。

Automatic image replacement（高低圖檔置換）：為了運算動作能夠快速，排版軟體在圖文整合作業時都只連結FPO (for position only)低解析度略圖，作為版面圖文定位而已；待完稿階段再自動更換高解析度同名圖檔。

B

Banding（梯層現象）：在漸層色面上有明顯的不均勻梯狀層現象。

Basis weight（基重）：在國際上是以一平方公尺的紙張重量(公克)，而美國則以25"×40"一令（500張）的重量(磅)為紙張的厚度單位，此單位在台灣又稱為「令重」。

Bindery（裝訂廠）：專門為印刷完畢的半成品作摺紙、配頁、制本、加工與包裝的工廠。

Binding（裝訂）：將數張印紙或數件帖冊齊邊並予組合成籍，其程序可分為：齊紙、壓線、摺紙、配帖或集頁、打釘或穿線、上膠、修切、搭背與膠背等手續。

Bit（位元）：binary digit的簡稱，意為二進位數字，電腦中所有資料的最基本之單元，一個二位數字（1或0）代表一個開或關（on或off）的訊號。

Bit depth（位元深度）：數位影像色彩模式中所含資訊的多寡，例如一個8位元的影像，其色彩種類最多有256種，24位元的影像，其色彩種類可高達16.7百萬種。

Bit map（點陣圖）：由無數像素或是類似方格點所構成的影像。

Black plate（黑色版）：理論上言三原色料CMY各以100%濃度相混應該可得黑（K），但是由於印刷的三色油墨都含有些許雜質，其純度無法達到理想的100%，在分色及疊印過程容易偏色，因此再加上黑色版來平衡偏色現象，因此形成所謂CMYK全彩印刷。

Black and white（黑白印刷）：僅以黑色油墨印刷之方法。

Blanket（轉印橡皮滾筒）：平版印刷又稱為間接印刷，印紋不是直接印在紙上，而是印版上的印紋油墨先轉印到空白的轉印橡皮滾筒，最後經壓力滾筒加壓，把空白橡皮滾筒上的印紋再轉印到印紙上。

Bleed（出血）：圖片或印紋超出印物之完成尺寸或裁切邊緣的情況。

Bleed allowance（出血放寬）：允許出血超出印物之完成尺寸邊緣的範圍，以方便印後裁切或摺疊。

Blend（漸層）：在一色區中能將兩種以上之顏色，分別由不同的方向很柔和地混在一起而不生任何條痕。

Blind image（隱蔽圖像）：印版上的印紋無法附著油墨，不能印出圖像之情形。

Blueline（藍線打樣）：正式印刷以前，為了檢查頁面之圖文位置是否正確所作的打樣張。

Body（油墨濃稠度）：油墨本身所具有的濃稠度。

Bond paper（事務用紙類、聖經紙類）：主要以棉質為主，質地堅實具備耐用、耐擦、吸墨性強、抗曲捲性等特色，其紙面光潔平滑，普遍用於一般辦公室事務。

Book paper（印書用紙類）：常用的印書用紙類全紙為25" x 38" 英吋，紙紋多樣從粗糙至光滑表面應有盡有，大多是非塗佈紙。

Bounce（移位）：由於印刷機的機械作用，引起的印紙前端離位，使整頁圖文偏移不能保持在應該的位置。

Break for color（分色）：利用手工或自動方法，把彩色原圖之色彩依印刷之需求拆開，以方便製版的過程。

Brightness（明度或亮度）：因對象之不同而有特定意義：指紙張在光線照射下的反射光之多寡。也指某一個色彩之光亮的程度。

Brochure（小冊子、摺頁）：一般指兩頁以上的摺疊印物，或低於六十四頁的小型口袋書籍。

Bump（無網屏曝光）：過網時不經網屏而以原稿直接曝光，增強部份網調光輝的輔助曝光。另一意思是：將印版背後用特製肌理敲打使其某部份凸出的方法。

Burn（晒製）：以高強度的光線，照射在真空覆片機內的高感度感光材料，製作印版或打樣的方法。

C

C1S（單面銅版紙）：以非塗佈紙為紙基經過單面塗佈的紙，常用於書刊封面印刷。

C2S（雙面銅版紙）：以非塗佈紙為紙基經過雙面塗佈的紙，常用於精美書籍、畫冊、月曆、海報等印刷。

Calendaring（壓光）：紙張在抄紙完成後為了增加其光滑度，在後續加工過程中以高壓滾筒輾壓紙表的處理方法。

Calendar rolls（壓光滾筒）：在紙張壓光加工過程中所使用的水平式壓力滾筒。

Calibration（色彩校正）：常是指掃描機、螢幕、印表機等數位設備，為求其色彩再現能正確所作的調整過程。

Caliper（測微尺）：測量紙張厚度有旋轉與卡式等多種的精密測量儀器。

Cast coated（特級銅版紙類）：經高壓鉻光處理使紙張表面非常光亮的銅版紙類。

Chalking（粉化與剝落）：平版印刷成品上的油墨因媒質被紙吸收的速度太快，使油墨結塊而粉化與剝落的現象。

Choke（內縮）：一種疊印的技巧；將其中一色區稍微縮小範圍，再令另外一色疊印在前者，避免對位失準所引起的瑕疵；另一相反的作法就是「延伸」。

CMYK:減色法色彩體系的三原色：青色、洋紅色、黃色；另加黑色，成為四色印刷中的四種油墨色。

Coated paper（銅版紙）：以非塗佈紙為紙基經過單面或雙面塗佈的紙，常用於精美書籍、畫冊、月曆、海報等印刷。

Coating（上光處理）：為了增強印件之印刷效果及保護作用，在印物上塗佈各種材料，如上光油、UV上光、PVC上光等之加工處理。

Color control strip（色彩控制規條）：置放在原稿或印版旁，專供印刷技師監控和檢測色彩平衡、對位、網點擴張等失誤的印刷品質管制規條。

Color correction（色彩修正）：針對掃描、圖像或分色片中的色彩偏移失誤，所進行的校正與調整作業。

Color Key: 柯達公司產品稱為Color Key的傳統打樣系統，利用軟片上四色或四色以上的色膜，來呈現影像。

Color proof（彩色打樣）：在印刷以前，利用傳統或數位方法把設計稿原樣呈現，以作為一切校對的依據。

Color reduction（色彩剔除法）：將電腦系統無法表現的顏色，轉譯成系統色盤內最接近的顏色以取代之，例如以8位元電腦表現16位元之影像，被取代的色彩被大量簡約化後，影像的色調層次頓失無遺。

Color separation（彩色分色）：將彩色透射或反射原稿用手工加色濾色片，或電子掃描分色機分別做成四色分色版的方法。

Commercial printer（大型商業印刷工廠）：擁有許多全開或對開印刷機，每筆印刷量約五千份以上，專以營利為目的的商業印刷工廠。

Composition（編排）：把圖與文等要素，依據視覺美的形式原理在畫面上做最佳的安排。

Continuous tone（連續調）：以無數個RGB或CMYK的光點或微點，混合組成的影像，例如一般照片之圖像。

Contract proof（契約打樣）：設計者與客戶互相認同，在對打樣系統與印製成品容許的不確定誤差範圍內，一致同意將此印刷案付印，雙方並在打樣張上簽名確認。

Cotton paper（棉紙類）：主要以棉質纖維或添加少量的木質纖維所製造的紙類。

Cover stock（封面用紙類）：專作為書籍、小冊或類似印刷物之封面的用紙。

Cromalin: 一種以四色染料為主的傳統彩色打樣系統。

Curl（捲曲）：紙張因受到潮濕，或兩面塗佈不均所引起紙張捲曲變形的現象。

Cyan（青）：減色法色彩體系中三原色之一，也是四色全彩印刷中的一種油墨色。

D

Densitometer（濃度計）：一種手持的電子儀器，用來檢測油墨濃度、網點大小、網點擴張、疊色效果、滿版濃度、油墨對比、灰色平衡等。

Die cut（模切軋型）: 以鋼刀製成各種形狀經壓切機將紙張或紙板切出各形狀的加工。

Distributing rollers（勻墨滾筒 ）: 在印刷機上為使油墨均勻分布於給墨系統的橡皮滾筒。

Dot（網點）: 平版印刷中用來形成影像的基本單位以每英寸線數表示之。

Dot gain（網點擴張）: 平版印刷時由於油墨或紙張等因素影響，致使印紋之網點面積較原來的大。

DPI: 影像解析度單位之一種，意即「每一英吋有多少點或像素」，是數位輸入或輸出設備常用的解析度單位。

Drier（乾燥助劑 ）: 增加油墨乾燥能力，使之表膜堅硬的添加劑。

Dryback（乾霧）: 當油墨乾燥後失去光澤成霧面狀的現象。

Dull finish（無光紙）: 表面經過塗佈處理的紙張，不若銅版紙類光滑，但比卡紙類平順。

Dummy（樣書 ）: 在書籍、雜誌或其他印件尚未正式印刷前，以打樣張摺疊、裝訂成冊送請顧客校對、審核的樣本書。

Duotone（雙色調）: 將同一原稿做成兩種不同角度與版調網片，並以不同顏色油墨套印而成的效果。

E

Emulsion（感光乳劑）: 塗佈在軟片、打樣底材或印版上的感光物質，對光線的照射反應很敏感，用來感應記錄影像。

EPS: Encapsulated PostScript的簡稱，一種由Adobe 公司開發的常用數位影像檔案格式。

Exposure（曝光）: 在塗佈有感光乳劑的軟片、打樣底材等材料上，施以光照使感光乳劑感應的過程。

F

Feeder（給紙系統）: 用機械自動化吹風與吸風結構，將紙張一一送入印刷機器的系統，又稱飛達裝置。

Fillers（填料）: 在紙漿中加入適當的白色物質，例如石膏、氧化鈦、二氧化鈣等；以提高平滑度、強化纖維、減少紙面起毛等條件。

Filling in（堵塞）: 在印刷時油墨在網點間堵塞的情形。

Finish（紙張加工）: 紙張表面的各種加工處理情形，包括：紋理、上光、裁切、摺疊、燙金、壓凸、打排針、衝孔等 。

Flier（傳單）: 推廣性的小冊或傳單。

Fold mark（摺線）: 通常是以虛線在完稿上標示的記號，表示印刷完成後需經摺紙加工處理的位置與方式。

Form rollers（觸版滾筒 ）: 在印刷機上直接與印版接觸，將油墨或水份轉送到印版上的油墨滾筒或水滾筒。

Fountain roller（墨槽或水槽滾筒）: 將墨槽中的油墨或水槽內的濕潤液作適量輸出可調整轉速的金屬滾筒。

Fountain solution（潤濕水槽液）: 阿拉伯膠與數種化學藥劑混合組成，專供平版印刷機水槽用的濕潤水。

Four-up（四頁落版）: 在同一張印紙上編排四頁印物的落版方式。

FPO（排版用略圖）: For position only的縮寫。在版面編排或打樣階段，為了運算方便之故所使用的低解析度略圖。

G

Gamma（珈瑪值）: 以曲線表示影像亮度與反差高低關係的對應值。

Gang（群集）: 在同張紙上將多項工作同時合併在一起印刷的作業。

Gang run（多聯印刷）: 將許多不同印件拼在一起同時印於大張紙上，待完成後再裁開的作法。

Gathering（集帖、配頁）: 將已經摺疊好的帖頁、書頁依序收集在一起準備裝訂成冊的作業又稱配頁的作業。

GIF: Graphics Interchange Format的縮寫。一種網頁圖像常用的檔案格式，其色彩模式是8位元所以最多只有256種顏色。

Gloss（光澤）: 銅版紙上的光亮 表層，或是印物表面的上光處理效果。

Grain（絲流方向 ）: 指紙張纖維朝向橫或直的方向。

Gradation（漸層）: 在一色區中能將兩種以上之顏色，分別由不同的方向很柔順地混在一起而不生任何條痕 。

Gripper（印刷機咬爪 ）: 位於印刷機加壓滾筒凹槽內用作將紙張送入印機的彈簧鐵夾。

Gripper edge（咬邊）: 在印刷機上紙張向前進行被咬紙爪夾住的一邊。

Gripper margin（咬口）: 在印刷機上作滿版印刷時因咬爪所形成約一公分無法印出的邊緣。

Gutter（跨頁留白 ）: 在書籍兩頁之間靠近兩對頁之中縫的空白。

H

Hairline register（精密套準）：在印刷上用以表示套準時誤差程度的最小值，約 0.5點。

Halation（環狀光暈）：若網片、打樣色膜等有微粒存在於兩片膜層之間，它們會直接影響兩層之間的接合，結果在亮光處上產生細小的環狀的斑紋，謂之光暈。

Halftone（半色調）：將連續色調圖片用長短粗細線條或大小疏密網點來表達的色調。

Hard dot（硬點 ）：印件、打樣上由網點所構成的影像，其網點都很結實周圍沒有環狀光暈等缺陷。

Hard proof（有形打樣）：所有以類似鐳射紙、軟片等有形之媒材製作的打樣方式。

Hexachrome: 由Pantone公司開發的六色印刷系統；Hexachrome是已註冊的商品名稱。

Hickey（髒污 ）：平版印刷時因印刷機不潔、墨皮、紙毛等因素在印品上所出現的髒點。

Highlights（光輝部）：在原稿上最亮或半色調版上網點最少、最小或甚至完全沒有網點的部份。

Hue（色相）：使某一色彩與其他色彩區別的名稱、符號等。

I

Image area（印紋區 ）：印版上有任何文字、圖畫、符號等印紋的區域，通常為非印紋區圍繞。

Image assembly（圖像組合）：在打樣製作或製版之前，將負片圖像安排於適當位置的過程。

Image editing（影像處理）：使用軟體在電腦上修飾、調整數位影像之方法。

Imagesetter（影像輸出機 ）：將電腦數位資訊轉換成雷射光束在相紙或軟片上作高解析度輸出的裝置。

Impose（整版樣書）：將打樣張按正確順序編排好，以檢視正式上機前印物之完成尺寸、摺疊方式、裝訂方法等。

Imposition（落版）：將已完成的每一頁依印刷機的大小、紙張尺寸、裝訂方式、印刷方式等，拼貼成一張合於印刷尺寸的大印刷底片，以利製版、印刷、加工等後續工作。

Impression（印壓 ）：在以壓力滾筒直接在印版面施壓，將印痕壓印到紙上的方法。

Impression cylinder（壓力滾筒）：在印刷機上使印版或橡皮滾筒上印紋轉到紙上用以施壓的圓型滾筒。

Ink holdout（吸墨阻力 ）：紙張對油墨的吸收阻力。

Inkometer（油墨測試機 ）：測試油墨的濃稠度、黏聚力等數值用的儀器。

Ink trap（油墨疊印力）：一種油墨能完全均勻覆蓋其他油墨的能力。

Insert（插頁 ）：在已摺好頁次的帖冊中，插入一頁或數頁額外的其它印物。

J

JPEG: Joint Photographic Experts Group的縮寫。網頁影像常用的一種破壞性壓縮之檔案格式，其影質較GIF檔案格式佳。

K

Key（色樣、色票）:色彩的樣張，作為標記印紋中某一部分須要著印該色的說明與指示。

Keyline（外廓線）：在印刷稿件上依圖像、線圖或是字塊的外形鉤勒廓線，以標明該物件的大小與放置的地方。

Knockout（消除 ）：將與背景相同的顏色印在重疊影像上以消除疊影的陰影。

L

Laid paper（方紋紙 ）：紙面壓有水平與垂直交織之紋理的紙張。

Laminate（積合）：將紙張表面與塑膠薄膜裱貼在一起。

Laminate proofs（色膜打樣）：一種傳統的打樣系統，是以許多層色料薄膜依次在底材上堆疊來形成彩色圖像的方法。

Lamination（膠面上光）：將紙張表面與塑膠薄膜如霧面PP、亮面PP、PVC等裱貼在一起的印後加工作業。

Letterpress（凸版印刷機 ）：將印版上凸起的印紋塗佈印墨後，經過滾壓直接將印紋印到被印物上的凸版印刷方式，也可用此印刷法軋型、壓痕等。

Lightfastness（抗光性）：紙張抵抗因光線照射所引起變黃、脆化的能力。

Light table（光台 ）：在製版或印刷廠作觀看透明稿、檢視過網片、修整與拼版用的光桌。

Linen finish（布紋紙）：
表面經過布紋壓花處理的紙張。

LPI: Lines per inch的縮寫，意即每英寸的線數，是網線數或過網頻率的單位，LPI越大表示印物上的圖像越細膩。

M

Machine coated（機器塗佈）：將捲筒紙在抄紙機上作紙張的塗布作業。

Magenta（洋紅）：減色法色彩體系中三原色之一，也是四色全彩印刷中的一種油墨色。

Makeready（上機準備 ）：印刷機開動前後的預備與保養工作，包括裝版、上墨、裝紙的一切準備動作。

Matchprint: 一種依Matchprint proofs工業標準生產的小型彩色打樣系統，常用於設計工作室，適合小量、快速的打樣作業。

Matte（粗面 ）：在印物完成後在其表面施加一種粗糙處理，以增其視覺質感並有保護作用。

Matte finish（粗面處理）：在紙張表面沒有任何光澤或亮度的紙張加工處理。

Mechanical（印刷完稿、正稿）：可以馬上進行下一步驟製版作業的完全定案圖文稿件，它可以是傳統的手繪在紙上之型式，也可以是數位電子檔。

Midtones（中間調）：指照片、打樣或印件中之影像，其介於最亮與最暗明度階之間的調子。

Mock-up（校對樣張 ）：以打樣或樣檢查印物有無錯誤、套色是否正確並送請顧客核定的一種精確印樣。

Moire（錯網、撞網）：因兩種顏色的網線角度未作適當錯開，當網點重疊時容易產生明顯的不悅花紋。

Monochrome（單色 ）：
只用一種顏色的圖畫或稿件。

Mottle（斑駁）：滿版印刷時油墨不均勻在印紋上產生的斑點或痕跡。

O

Offset printing（平版印刷）：是目前商業大量印刷最主要的技術，利用油與水不相容的原理來印刷，屬於間接印刷，也就是印紋上的油墨不直接印在印紙上，而是先轉印到另一橡皮滾筒上，再將之轉印到印紙上。

One-up（一頁落版）：
一張印紙上只拼一頁印件。

Opacity（不透明度）:紙張或其他有基底的材料，如軟片、膠片等，其能夠讓最小光線量透過之性質

Out of register（對位失準）：構成圖像之各色版無法精確對準之錯誤情形。

Overprint（疊印）：在已印好的一個顏色上，再覆蓋另一顏色使其部份相互重疊。

Overrun（超印量 ）：
超過正常需要的印刷數量。

P

Packing（襯墊 ）：置於平版印刷機之橡皮滾筒、印版版滾筒與壓力滾筒間作襯墊用的紙張。

Page layout（頁面編排）：把頁面中所有的圖文素材，按其創意與需求條件，作適當的位置安排。

Page proof（單頁樣張 ）：由打樣機印出的單面頁式樣張。

Pagination（配帖、集頁）：摺紙成帖後以自動配帖機，按次序配齊各帖的過程。

Pantone Matching System: Pantone特別色系統。專為特別色印刷而發展的配色體系，包括色樣規格、色票、配色方法等內容。

Paper stock（儲備紙張）：
專為某一印刷案特別準備的紙張庫存。

PE（印刷廠錯誤）：Printer's Error的縮寫。客戶簽字認可後卻由於印刷廠的疏忽，所引起的印刷錯誤。

Perfect bound（膠裝 ）：使用熱熔膠裝訂書本的加工方法。

Perfecting press（雙面印刷機 ）：當紙張通過印機時可一次完成正反兩面印刷的特殊印刷機。

Perforate（打孔 ）：以機器在印刷品上打成若干小孔，以方便撕下如郵票、活頁簿等的作業。

Picking（剝紙 ）：因紙張纖維太鬆或油墨黏度太強致印品線條或深色部份有剝落的現象。

PICT: 由蘋果電腦公司開發的一種影像檔案格式，主要用於Macintosh作業系統。

Pigment（色料）：塗料、印刷油墨、紙張、塑料之微粒固體狀著色劑。

Pixel（像素）：Picture element的縮寫；構成數位影像最基本的單位。

Plate（印版）：多以鋁版為基底材料，在其上可晒製印紋與非印紋，作為印刷之圖文印版。

Plate cylinder（印版滾筒）：印刷機上裝置印版的圓軸狀滾筒。

Platemaking（製版）：在印版上以化學感光或數位方式曬製印紋的方法。

Positive（正像）：在軟片上之影像與原稿圖像的明暗或色相一致，與此相反即負像。

PostScript（頁描述語言 ）：由Adobe公司發展的一種程式語言，能快速整頁描繪圖形、文字，專供高解析度雷射輸出機用；或從某種頁面描述影像資料格式轉換成另一種檔案格式的電腦語言 。

Prepress（印前作業）：在印刷前從原稿到製版間的所有工作程序在數位化印前系統中全由電腦完成。

Press check（印前校對）：在印件上機正式印刷前，檢視件物上所有的圖文與色彩是否有誤之準備工作。

Press proof（校對打樣）：在印件上機正式印刷前，為了校對件物上所有的圖文、色彩與品質是否有誤而製作的打樣張。

Press run（印製、印量）：啓動印刷機開始印刷某一印件的過程。或是一件工作或一次印刷的總數量。

Press sheet（印品樣張）：印刷時邊印邊抽出作品質檢查的樣張。

Print run（印量）：
一件工作或一次印刷的總數量。

Printer's spread（組大版）：將已完成的每一頁拼貼成一張合於印刷尺寸的大底片，以利製版、印刷、加工等後續工作。

Process color（印刷四原色）：使用青、洋紅、黃與黑的四種基本原色油墨以表達天然彩色效果。

Proof（打樣）：以檢查圖像、文字、彩色為目的的印刷前檢視樣張。

R

Rasterization（輸出轉換 ）：將數據訊號轉換成一連串點陣，使能在影像輸出機上輸出陰片或陽片。

Reader's spread（樣書）：將拼大版之打樣張依成品需求條件來摺疊、裁切、集帖後，按頁碼次序裝訂成一本樣書，讓人檢查其預期結果。

Ream（令）:五百張紙稱為一令。

Reflective art（反射圖稿）：必須藉由照射在其上的光線，反射到眼睛才能被看到的圖像，例如照片。

Register（對位）：兩個以上的印紋在同樣一張紙上，精確地的安置於所規畫的位置上。

Registration mark（對位規線）：在印版四周特別標記的十字規線指，專供各色版印紋精確套準用途。

Reprint（再版）：將以前出版的書籍或出版品作再一次印刷與發行。

Resolution（解析度）：攝影機鏡頭對影像所能獲得最清晰的分解能力；或是掃描、印表機對文字或影像形成的清晰程度，通常以每英寸輸出線數，或是每英寸輸出點數多寡來表示。

Retouch（修整 ）：在底片或相片上所作的修飾、潤色、塗描與修色等工作。

Reverse（反紋 、反像、反白）：以與背景色之明度完全相反的色彩來印製圖或文，如黑底白字。

RGB: 紅、綠、藍三色，是加色法色彩體系的三元色。

Right-angle fold（直角摺 ）：第二摺與第一摺成九十度的摺頁方式。

RIP（影像點陣化處理器）：Raster Image Processor的縮寫. 一種將圖文的數位訊號轉換成一連串點陣，使能在影像輸出機上輸出陰片或陽片的轉譯程式。

Roll-fed press（捲筒紙印刷機）：採用捲統紙來印刷的高速雙面印刷機。

Rosette（玫瑰花紋 ）：在四彩色印刷成品因網線採用傳統角度，而非適應PostScript印表機的網點角度，所產生的玫瑰狀網紋。

S

Saddle stitched（騎馬裝訂）：自書頁騎縫脊背向書心打兩或三釘的裝訂作業。

Saturation（彩度）：色彩的純粹程度，或色彩的飽和度，顏色含無彩色之灰越多，色彩的飽和度越低；含無彩色之灰越少，色彩的飽和度越高。

Scale（比例放大或縮小）：以原圖長寬之比值為常數，來執行圖像放大或縮小。

Scanner（掃描機）：將照片或幻燈片的類比圖像，經由特殊裝置將捕捉到的類比資料，轉換為數位資訊之設備。

Screen frequency（過網頻率、網線數）：半色調網屏中每英吋含有網線的數量(LPI)，或每英吋含有網點的數量(DPI)。

Score（壓線）：將厚紙板或卡紙壓出摺線以方便摺紙的作業。

Screen（網點）：以許多大小不一的細小點，來表示圖像中不同階段的色調，以重現原圖的方法，在此半色調影像上所形成的細小點即為網點。

Screen angles（網屏角度）：網目屏與水平線間夾角常用者為15、45、75、90四種角度，不適當的角度容易發生錯網現象。

Screen ruling（網線數）：半色調網屏中每英吋含有網線的數量(LPI)，或每英吋含有網點的數量(DPI)。與Screen frequency同意義。

Scum（版面浮汙）：因印版水份不夠、水槽液酸度不足或其他原因而造成印品的髒汙。

Separation（分色片）：將彩色透射或反射原稿經電子分色掃描機分成四色單獨色版。

Service bureau（輸出中心）：專門代客將數位資料經由雷射輸出裝置上作相紙或底片輸出服務的公司。

Set back: 預測由紙張咬口邊緣到印紋開始處的估計距離。

Set-off（反印）：因印品油墨尚未乾燥而轉印於堆疊在其上之另一張紙背的情形。

Shadow（陰影）：影像最暗的部位，代表半色調網屏中網點濃度最高的部位。

Sheetfed（單張平版印刷機）：使用單張散頁紙給紙與印刷的平版印刷機，有別於捲筒紙印刷機。

Sheetwise（套版）：用兩塊不同印版在紙張同邊咬口正反面，套印出不同內容的拼版法。

Show-through（透印）：由印刷品一面可以看到另外一面所印刷文字或圖畫的現象。

Side guide（邊導規）：在印刷機給紙規位台上在紙張進入印刷機前的紙邊定位裝置。

Signature（台）：由一大張印刷成品摺疊而成一束的書頁。

Skid（堆紙台）：堆集紙張的木製或鐵製的台板。

Soft dot（軟點）：經由照相機過網形成邊緣不很結實的網點又稱網點虛邊。

Soft proof（軟打樣）：先在螢光幕上觀看分色的效果。

Specification（印刷規格）：交付印刷時向承印商所提出的各種要求，如：頁數、裝訂法、上光加工、紙張種類、網線數等。

Spine（書脊）：用以支持書籍垂直放置的硬紙板，貼黏在封面、封底或書背的部位。

Spot color（特別色印刷）：使用單一印版與調混的油墨色，來套印某一區域的印刷方式；而不使用四色不同濃度的色版印刷。

Spot varnish（局部上光）：使用印版上之局部印紋在印刷品作局部上光油，通常用以強調照片效果的作業

Spread（跨頁）：由於雜誌或書籍內的圖片或表格太大必須跨過書頁的左右兩面。

Step-and-repeat（連曬）：將一幅圖像用手工或機器在感光材料上連續曬成若干幅的作業。

Stochastic screening（調頻過網）：利用固定不變的振幅使網點大小保持一定，而改便頻率高低，使網點分佈產生疏密隨機排列；有別於傳統的過網技術。

Stock（庫存）： 專為某一印刷案特別準備的紙張或其他材料的儲備份量。

Stream feeder（連續餵紙）：將紙張連續送入印刷機或加工機器的給紙裝置又稱連續飛達。

Strip（插拼）：
將小張底片拼於大版上的作業。

Strip in（拼入）：使用膠帶或膠水將一張張插圖或軟片拼貼的作業。

Substrate（基材）：承載另一種材料或塗層的材料。

Subtractive color（減色法呈色法）：以青、洋紅、黃三種顏色塗佈在白色紙上，經由吸收或減色的方式，來呈現光譜中的紅、綠、藍色光。

Subtractive primaries（減色法原色）：青、洋紅、黃，另加黑(CMYK)四色，此為四色全彩印刷的油墨顏色。

T

Tack（黏稠度）：測驗某種油墨在兩種不同紙張上墨膜所產生的韌性強度。

Template（樣板）：一種預設的文件格式模型，使用時只要替換其中的圖文資料即可，能夠省卻很多從新設計的時間。

Text paper（模造紙類）：廣泛適用於印製書籍、薄冊、雜誌及書寫用紙。

TIFF: Tagged Image File Format的縮寫，是一種常用的高解析度、非壓縮影像之檔案格式，影質非常優良。

Tile（分割）：由於印刷面積過大，將整頁或圖文印紋分割成較小單元，再分別印刷的方法。

Tint（淡色調）：使用低於100%網點濃度的滿版色印刷，所形成的淡調的顏色塊。

Tonal range（色調階）：照片、打樣或印物中之影像內，其最亮部位與最暗部位間轉換變化的階段情形。

Tooth（象牙紙質）：類似象牙質感的紙張，其微粗糙紋理有助快速吸附油墨。

Transparent ink（透明油墨 ）：無法完全遮蓋下層顏色的特殊油墨。

Trapping（疊邊 ）：在兩色套印時將圖案四邊加大使於重疊印刷時不會露出白邊的印刷方式。

Trim（裁切）：將紙張或書邊修裁使成方正或符合成品完成尺寸。

Trim mark（裁切規線）：在原稿上完成尺寸範圍內所繪製的直線或角線，專供作裁切依據。

Trim size（完成此寸）：印物經過裁切以後達到規定的完成品大小。

Two-up（雙頁落版）：在同一張印紙上編排兩頁印物的落版方式。

U

Uncoated（非塗佈紙）：紙類在抄紙完成後，不再經過其他塗佈加工手續。

Underrun（不足量 ）：複印或印刷成品量低於需求的數量。

Unders/overs（不足量／超量）：複印或印刷成品量低於或超過需求的數量。

Unit cost（單價）：
每一份印刷成品的平均價格。

UV coating（紫外線光油 ）：使用紫外線乾固具有耐磨擦特性的亮光油。

V

Vacuum frame（覆片機）：
使用真空抽氣方式使底片與印版密接供作曬版用的裝置。

Varnish（上光油 ）：
以塗佈或印刷方法將凡立司或假漆覆於印品上使其光亮的作業。

Vehicle（油墨媒質）：是構成油墨的主劑之一，例如經過處理以後的亞麻仁油、桐油、合成樹脂等。

Vellum finish（充皮紙 ）：紙張表面上看來類似皮革質感，分有光與無光面兩種的非皮紙類。

Vendor（供應商）：提供印刷設備、耗材、裝訂或輸出等服務的廠商

Viscosity（黏度 ）：一定量濃厚液體流過特製細管，在一定距離內流動所需的時間測試值。

W

Washup（清洗油墨滾筒）：
在印刷後或換色前將印機上所有油墨滾筒清洗乾淨的作業。

Waterless printing（無水平版印刷）：利用滾筒之矽膠層拒墨特性，產生無印紋部份與上油墨之印紋部份，這種無需水份直接上墨印刷方式稱為無水平版印刷。

Watermark（浮水印 ）：造紙時將刻有商標、廠名或特別記號壓滾製成有特殊紋路的紙張。

Web（捲筒紙）：
在輪轉印刷機上使用的捲筒狀之紙。

Web press（捲筒紙印刷機、輪轉印刷機）：使用捲筒紙的印刷機。

Web tension（捲紙張力）：在捲筒紙印刷機上使帶狀紙之張力保持在一定範圍內的控制裝置。

Weight（紙張基重 ）：國際上稱一米平方的紙張克重(gms)而在美國稱25"×40"一令的磅重(lbs)。

Wet trapping（濕式疊印 ）：在多色印刷機上當前一色尚未乾燥立即印上後面各色的印刷方式。

With the grain（順絲流 ）：印刷時紙張纖維方向是順著進入印機的方向，也就是與側邊平行進入印刷機。

Work and tumble（天地輪轉版）：也是使用單塊印版，當印紙的一面印刷後，再將印紙前後（天地）翻面繼續以同一印版印刷，然後沿垂直於紙張短邊的中心線切開，可得雙份「長對開」的印件。

Work and turn（左右輪轉版）：印紙正反面的印紋全部拼排在同一印版上，也就是印版的一半是正面的印紋，另一半則是反面的印紋；當印紙的一面印刷後，再將印紙左右翻面繼續以同一印版印刷，然後沿垂直於紙張長邊的中心線切開，可得雙份「對開」的印件。

Wove paper（織紋紙）：
經過低度加壓處理，紙面有不規則不甚顯現的織布紋理的紙張。

Y

Yellow（黃）：減色法色彩體系中三原色之一，也是四色全彩印刷中的一種油墨色。

索引

O

P

R

S

T

W

圖像授權

本書內所使用之圖像由下列公司授權使用：

ArtToday.com
5232 E. Pima Road
Suite 200C
Tucson, AZ 85712
520/881-8101
http://www.arttoday.com

CMB Design
608 Sutter Street
Suite 200
Folsom, CA 95630
916/605-6500
http://www.cmbdesign.com

Gardner Design
3204 East Douglas
Wichita, KS 67208
316/691-8808
http://www.gardnerdesign.net

Graphic Arts Technical Foundation (GATF)
200 Deer Run Road
Sewickley, PA 15143-2600
412/741-6860 or 800/910-GATF
http://www.gain.net

Heidelberg USA, Inc.
1000 Gutenberg Drive
Kennesaw, GA 30144
888/472-9655
http://www.heidelbergusa.com

Image Wise Packaging
920 24th Street
Sacramento, CA 95816
916/492-9900
John@imagewisepackaging.com

Paul Baker Printing, Inc.
220 Riverside Avenue
Roseville, CA 95678
916/969-8317
http://www.pbaker.com

謝 誌

在這個五彩繽紛美妙無窮的彩色世界裏，我們藉由許多好朋友的專業和熱心的幫忙，才得以順利完成這本「印刷設計色彩管理」一書，我們由衷感激他們。

首先要感謝Rockport出版公司的Kristin Ellison，以及她的耐心、專業與鍥而不舍的督促；也感謝Stephen Beale的文字編輯與技術指導；衷心致上最高謝意給Blonde Bomshell，他的色彩專業要求，讓本書增色太多了。

印刷設計者可以在網路世界裡找到許多寶貴的資源，但是最珍貴的資源要算ArtToday.com，此書中有許多影像資料是由該公司慷慨授權使用；這些年來，他們的資源更是我們許多設計案的及時雨，為我們解決許多燃眉之急。特別在此感謝所有參與ArtToday.com的藝術家與攝影家，因為有你們的創意與才氣，才使這個網站成為所有設計工作者的最愛。

並感謝美國海德堡公司慷慨借用許多極珍貴的圖像。也要謝謝印刷科技基金會（GATF），允許我們複製使用許多印刷測試樣張與控制導表。

感謝Audrey Baker of Paul Baker印刷公司熱心提供許多實務經驗與精彩的圖像。

最後至上最高的感謝與愛意給我們的家人：爸媽，Dale, Dottie, Pooki, Anne, Terry-Bob, Kathy。

作者簡介

RICK SUTHERLAND

RICK SUTHERLAND是 Lone Wolf 出版企業之計劃開發部門的副總裁。他的專業論著包羅萬象廣及各領域，以其博學多聞著稱，曾寫過許多有關建築設計、室內設計、景觀設計與機械工程等教科書。

在加入Lone Wolf 企業之前十五年，他曾經是Paul Baker印刷公司的合夥人，Paul Baker在美國加州是數一數二擁有數百萬資產的大公司。RICK SUTHERLAND在該公司作過工廠領班、經理，也當過許多年的業務部主任。RICK SUTHERLAND擁有非常豐富的印刷技術背景，曾經事隨印刷界大師Jack Jacobbsen學藝多年，之後轉進彩色印刷專業領域，專精平版印刷機理論與實務，對印刷科技充滿了熱忱與期許，一向以印製優異品質的印物著稱。

不僅專注於印刷，他也廣泛涉獵攝影、感光軟片、彩色打樣與編排設計等；多年來更沉迷於視覺媒體製作，曾經做了許多此方面的大膽試驗，探索尚未為人知的領域；其努力不懈的研究精神實在令人佩服。

他也預測數位科技會徹底改變印刷工業的生態與觀念，所以早在十七年前便欣然接受此一趨勢，勇敢地使用電腦設計一份摺頁印物，並以十五張磁片儲存檔案，交出了他的第一件完稿電子檔。RICK SUTHERLAND將會在印刷業界裡，留下許多驚奇的、驕傲的專家風範。

BARB KARG

BARB KARG是一位二十年資歷的記者、印刷設計師和編劇家。當桌上排版技術剛引入印刷工業時，她正恭逢其時踏進此領域，從最基層開始學習研究，並發展出許多以此系統製作之刊物；之後更潛心研發出很多出版編輯、網頁編輯的作業系統，深受好評。目前她是Lone Wolf 出版企業之執行副總裁以及業務總監；專門負責產品與編輯業務。BARB KARG一向努力自我充實，先後得到英國與美國加州大學相關科系的學位。

KARG的專業領域涵蓋甚廣，計有書籍、雜誌和報紙等之編輯出版事業。她曾先後在舊金山地區擔任許多家出版公司的總編輯，從頭到尾親自撰稿參與編輯，每一年經手出版的刊物約25至65種。這些年來她繼續活躍於文化出版界，是全職與自由作家、文字編輯、美術編輯、平面設計家、插畫家、攝影家等。此外她在印刷的業務、預算掌控、印程安排、現場作業、電腦科技與印前系統等，都有非常豐富的實務經驗。

KARG的論著很多，計有：Dancing Hamsters, Gothic Garden, Cyber Conspiracies: The 501 Funniest, Craziest, and Most Bizarre Web Sites You'll Ever See (Adams Media Massachusetts, 2000)，以及與他人合著的The Dark Eye: The Official Strategy Guide (Prima, California, 1986)。目前RICK SUTHERLAND與BARB KARG都住在美國西北部太平洋岸區。